# ザ・ファッション・ビジネス

進化する商品企画、店頭展開、ブランド戦略

明治大学商学部
［編］

The
Fashion
Business

同文舘出版

# はしがき

「時代が不安定であればあるほど、ファッションもより早く変化する」と一九世紀から二〇世紀にかけて活躍した哲学者・社会学者のゲオルグ・ジンメルは言いました。ニューヨークにおけるアジア系デザイナーの進出、パリコレでのブロガーの活躍、ファッション・ビジネスに関わる様々なイノベーション—。急速にグローバル化と情報化が進む現代では、ファッションそれ自体と同じように、ファッション・ビジネスも日々変化しています。本書では、このようなファッション・ビジネスに関わる新しい現象を、商学や社会学の方法を用いてわかりやすく解説しようと試みます。また、ビジネスの現場と学問の境界を越える視座からファッション・ビジネスを捉えていきます。最新の事例を普遍的な学問手法で読み解くという意味で、「ザ・ファッション・ビジネス」というタイトルにふさわしい、広く、長く役立つテクストをめざしました。

本書は2部5章で構成され、概要は次の通りです。第1部「世界と日本のファッション業界」では、ニューヨークやパリなどのグローバル都市において、ファッション・ビジネスに現在、どのような変化が起きているのかを見ていきます。

第1章「社会学から見た最新のNYファッション」は、ニューヨークを代表するデザイナーを多数輩出してきた名門校・ニューヨーク州立ファッション工科大学（FIT）で教鞭をとる川村由仁夜氏の論考です。世界のファッション界をリードするニューヨークでアジア系デザイナーが台頭している現状とその背景、ソーシャルメディアの発達による影響、若者を中心としたスニーカーファンのコミュニティなどについて、人種や社会制度に焦点を当てた考察がなされます。

第2章「変容するファッション・ビジネス―小売に革命が起きている」は、日本FIT会会長の尾原蓉子氏による論考です。消費者の価値観・行動の変化、デジタル化による小売の変容、様々なイノベーションの事例を提示し、鋭い分析がなされています。また、ファッション界における女性リーダーの必要性についてご自身の経験を通して語られます。

ニューヨーク・ファッションの最前線をよく知る二人の議論は、新しい視点を読者にもたらしてくれるでしょう。

第3章「グローバル化時代のファッションを創る人々」は、海外で活動する日本人デザイナーが、どのようにして留学や仕事をしてきたのかについて検討します。また、パリのファッション界で長年活躍してきた元・ヨージヨーロッパ社社長の齋藤統氏へのインタビューでは、パリのファッション界と日本人の関わり方や、日本の若手デザイナーが世界に進出する方法など、長年のパリでの経験で培われた貴重な話が披露されます。

第2部「ラグジュリー・ブランドの伝統と革新」では、グローバルな展開を進めるラグジュリー・ブランドの戦略を明らかにします。

第4章「ラグジュリー・ブランドとファッション・ブロガーたち」では、パリ高等商業大学教授ガシュシャ・クレッツ氏が、まず、「高尚」「排他性」などのキーワードから、ラグジュリー・ブランドの伝統的スタイルを描き出します。つぎに、インターネットの発展に伴いラグジュリー・ブランドがどのような変化を強いられ、ファッション・ブロガーと協働するようになったのかについて解説します。

第5章「ラグジュリー・ブランドのPR戦略」では、ファッション・メディアの現場に長年携わってきた元エルメスジャポン株式会社・広報部長の東野香代子氏と、多数の新聞・雑誌で執筆を行ってきた服飾史家の中野香織氏が、取材をする側、される側の紙面・誌面をめぐる交渉や駆け引き、戦略のオモテとウラについて語ります。本稿の基となったパネルトークでは、非常に興味深い数々の裏話が次から次へと飛び出し会場が大いに沸きました。その雰囲気を少しだけでも伝えられれば幸いです。

以上の各章は、2014年12月に開催された明治大学商学部創設一一〇周年特別企画の国際シンポジウム「新時代のファッション・ビジネスを語る」での講演を中心に構成されています。明治大学商学部では、ファッション・ビジネスに関する教育研究に力を入れています。ファッション・ビジネスは海外では専門の学部が設置されているケースも珍しくない分野で、本校では「ファッション・ビジネス」「ファッション・メディアの作り方」などの科目をはじめ、春と夏には、モダールインターナショナル学院等、パリの協定校での短期留学プログラム「フレンチ・ファッション・プログラム」等を展開しています。本書を通して、また本校での教育を通して、新時代を担うビジネスパーソンの育成に少しでも貢献できればと願っています。

２０１５年７月10日

明治大学　商学部准教授
藤田結子

# ◆目　次

はしがき

第1部　世界と日本のファッション業界

第1章　社会学から見た最新のNYファッション――3

NYのファッション・ウィークとアジア系デザイナーの到来　4
ミッシェル・オバマ大統領夫人の影響力　7
ファッション・ショーは必要か？　9
ソーシャルメディアの発達と最大限の活用方法　10
NYのスニーカーマニアたち　14

従来のファッション制度の構造やカテゴリーの変化　17
ファッションと社会問題　18
NY州立ファッション工科大学（FIT）　20

**第2章　変容するファッション・ビジネス——小売に革命が起きている——**　23

**1　はじめに**　23

**2　ファッション・ビジネスの変容を加速する4大潮流**　27
消費者の価値感と行動が変化している　28
ビッグデータ、クラウド、3D印刷、モバイルが顧客行動を変える　30
先進国の成熟と新興国・途上国の台頭により、グローバル競争が熾烈化する　30
企業の社会的責任の重要性がますます高まっている　32

**3　小売革命を進行させる要因とは**　33
eコマースの急成長　34

オムニチャネル　40

④ イノベーションのみが成功のカギ
──若者の起業が起こすアメリカの変革に学ぶ──　46

ファッションの花道をレントする　47
メガネのネット販売からオムニチャネル　48
アメリカの若者起業家が立ち上げる「新ビジネス」の共通項に学ぶ　51

第3章　グローバル化時代のファッションを創る人々──55

① 国境を越える日本人デザイナー　56

ファッションを学ぶ留学　56
「移住システム」─ファッション留学の斡旋機関　59
海外のファッション業界で働く　61
日本を拠点にファッション・ウィーク時に渡航　64
パリの覇権　67
東京から世界へ　東京ファッション・ウィークの意義　70

目　次


2 齋藤統 氏に聞く　74

留学からファッション・ビジネスの世界へ　74
パリのファッション界と日本人　78
変化するファッション業界　80
日本の若手デザイナーが世界に進出するには　83
学ぶことの重要性　90

## 第2部　ラグジュリー・ブランドの伝統と革新

### 第4章　ラグジュリー・ブランドとファッション・ブロガーたち——95

1　ラグジュリー・ブランドとは　95

ラグジュリーの決め手「ハンドメイド」　95
偉大な伝統が偉大なラグジュリー・ブランドをつくる　97
ラグジュリー・ブランドはミステリアス　98
ラグジュリー業界の「特別化」プロセス　99
ラグジュリー・ブランドの「高尚化」　100
ラグジュリー・ブランドの「排他性」　101
ラグジュリーはすべてが美しい　101

2　ラグジュリー・ブランドとファッション・ブロガーとの関係性　102

デジタルは「ソーシャル」　102

デジタルは「カジュアル」　102
アクセスしやすい「デジタルな世界」　103
デジタルでの公開と共有　103
デジタルの世界は「今この瞬間」の世界　105
デジタルを拒否し続けたラグジュリー・ブランド　105
ラグジュリー・ブランドと謂えどもオンライン化するしかない　106
オンライン進出のリスクと、そのリスクが少ないブログ　108
ブログ活用の利点　108
ラグジュリー・ブランドが有名ブロガーに関心を寄せるワケ　111
ラグジュリー・ブランドとブロガーのコラボレーションの具体例　113
有名ブロガーはコミュニティ管理のエキスパート　113
ラグジュリー・ブランドにとってベストなブログ　115
将来有望な新進ブロガー　116

## 第5章　ラグジュリー・ブランドのPR戦略――119

本章のテーマ　122

目　次

PRとは　124
雑誌に取り上げてもらうために　126
1 取材をする側、される側との温度差　129
Case(1)　ブランドコントロール　その1　129
Case(2)　ブランドコントロール　その2　133
Case(3)　ブランドコントロール　その3　136
Case(4)　「面白いけど、ブランドが気分を害するからやめておきます」　137
Case(5)　「本国からの指示で、できません」　143
2 戦略のオモテとウラ　146
発信されるメッセージの真意とウラ事情　146
3 プレスリリース必須の「どこでも同じ」キーワード　150
4 希望の光、日本のデザイナーのブランディング成功例　152
編集後記

# 第1部　世界と日本のファッション業界

# 第1章　社会学から見た最新のNYファッション

川村由仁夜

私はＮＹ州立ファッション工科大学（ＦＩＴ）で、社会学理論をベースにしたファッション学、衣服学を教えております。社会学は、社会の仕組みや人間の行動パターンを分析する学問です。経済学でもマクロとミクロの観点がありますが、社会学も同様な見方があります。「社会の仕組み」を見るのがマクロ的で、「人間の行動パターン」を見るのはミクロ的な側面です。その両方の関係を分析し、共通性を探すことで理論が立ち上げられるか否かを探ることができます。社会学をビジネスと直結して、マーケティング関連の研究をする方もいます。社会学者は、社会階層、物事のランキング、ヒトとヒトとのネットワーク、世の中の仕組み、制度などに非常に敏感です。私は、これらを、ファッションデザイナー同士のつながりや、ファッション制度の内部構造、仕組みなどに当てはめて分析、研究しています。以前、パリのファッション制度について研究したので（『パリの仕組み』日本経済新聞社、２００４年）、現在はニューヨークのファッション制度に注目して、パリや東京と比較していきたいと思っています。まず注目するのが、年2回（2月と9月）ニューヨークで開催されるファッション・ウィークです。

## NYのファッション・ウィークとアジア系デザイナーの到来

ニューヨークのファッション・ウィークの公式リストを見ると、アジア系デザイナーの活躍が目覚ましいのがわかります。2010年の時点で、アメリカの大手新聞ニューヨークタイムズに、「アジア系アメリカ人がファッション業界の階段を駆け上っている」という記事が載りました（2010年9月5日付け）。これまでも、アジア人、またはアジア系アメリカ人は、ニューヨークのファッション業界で大勢働いていましたが、おとなしくて手が器用なため、裏方の仕事のみに従事する場合が多かったと思います。しかし、近年では自分の会社を設立し、自分のブランド名のコレクションを発表するアジア系のデザイナーが年々増えています。

80年代、90年代に出現したアジア系デザイナー、ヴィヴィアン・タム、ザン・トイ、ジェマ・カーンなどは、非常にアジア色の濃いデザインが特徴でした。タムは中国系、トイはマレーシア系、カーンは韓国系のデザイナーです。それが2000年に入ってから登場したアジア系デザイナー、デレク・ラム、リチャード・チャイらは、エスニック調の匂いをさせず、一般の洗練された欧米人女性が好むコレクションを発表しています。服を見ただけでは、デザイナーがアジア系だとはわかりません。

アジア系デザイナーの中でも最も有力株なのが、1983年生まれの台湾系アメリカ人アレキサンダー・ワン。ニューヨークのデザイン学校パーソンズに在学中の2005年に、自分のブランドを立ち上げました。その2年後に、ニットウェア専門のファッション・ショーを開催しました。２００８年にはアメリカファッション協議会（ＣＤＦＡ）／ヴォーグ誌の奨学金を受賞しました。その後も、２００９年にはＣＤＦＡスワロフスキー賞、スイス・テキスタイル賞など、数々の賞を総なめにしました。ワンが使う色はほとんどが黒で、80年代にパリで成功した日本人デザイナーたちの作品を彷彿させます。鮮やかな明るい色を使ったコレクションを発表すると話題になるところも、日本人デザイナーに似ています。最近ではスウェーデンの大手ファストファッションＨ＆Ｍとコラボレーションをしたコレクションの評判がよかったようです。彼自身のブランドは価格が高めなので、Ｈ＆Ｍと提携することで、学生でも手に入る価格帯になり、ファンの幅を広げた結果になりました。ファッション界で彼の地位を決定的にしたのは、２０１２年にフランスの高級ブランド「バレンシアガ」のクリエイティヴ・ディレクターに選ばれたことです。それは大変話題になりました。２０１３年の2月からパリでも活動していますが、アメリカ人もフランスの高級ブランドには興味を持っているので、アメリカの業界関係者からも一目置かれる存在になりました。以前、フランスのピエールバルマンのクチュールにシンガポール出身のデザイナーが選任され、１シーズンで解雇されたという前例があります。そのため、ワンに対しても「アジア系のデザイナーにヨーロッパの高級ブランドが務まるのか」という懸念もありましたが、評判は上々で今後も続きそうです。

私がパリでリサーチをしていた90年代終わり頃では、パリの公式ファッション・ショーリストを見ると、20～25％は日本人のデザイナーで占められていました。今でも、同じぐらい

**表１-１　2015年２月NYファッション・ウィーク公式リスト上のアジア、東南アジア、中東、南米系デザイナー参加者**

| 英語ブランド名 | ブランド名 | 人種エスニック・バックグランド |
|---|---|---|
| AMFA by Altaf Maaneshia | 「アムファ」byアルタフ・マーネシア | パキスタン系 |
| Anna Sui | アナ・スイ | 中国系 |
| Bibhu Mohapatra | ビブー・モハパトラ | インド系 |
| BOSS by Jason Wu | 「ボス」byジェイソン・ウー | 台湾系 |
| iiJin by Cassian Lau | 「イイジン」byカシアン・ラウ | 香港系 |
| Lie Sangbon | リー・サンボン | 韓国系 |
| Malan Breton | マラン・ブレトン | 台湾系 |
| Meskita | メスキタ | ブラジル系 |
| Mongol | モンゴル | モンゴル系 |
| Naeem Khan | ナイーム・カーン | インド系 |
| Noon by Noor | 「ヌーン」byヌアー | バーレーン系 |
| Oudifu by Zhuliang Li | 「アウディフー」byズーリアン・リー | 中国系 |
| Park Choon Moo | パークチューン・ムー | 韓国系 |
| Praval Gurung | プラバル・グルング | ネパール系 |
| RanFan | ランファン | 中国系 |
| Reem Acra | リーム・アクラ | レバノン系 |
| Richard Chai | リチャード・チャイ | 韓国系 |
| Son Jung Wan | ソン・ジョン・ワン | 韓国系 |
| Tadashi Shoji | タダシ・ショージ | 日本系 |
| Taoray Wang | タオレイ・ワン | 中国系 |
| Vivienne Hu | ヴィヴィアン・ヒュー | 中国系 |
| Zang Toi | ザン・トイ | マレーシア系 |

（出所：mbfashionweek.com/new-yorkを基に作成）

の数はいると思います。一方、ニューヨークではアジア系デザイナーは増えているのですが、不思議なことに日本人デザイナーは、ほとんどいません。継続してニューヨークで発表しているのは、タダシショージのみです。ショージ氏は、１９４８年仙台生まれの日本人です。80年代からアメリカ西海岸で活躍しています。東京で絵の勉強をした後に１９７３年に渡米。ファッション・デザインを学んで、エルトン・ジョンやスティービー・ワンダーの舞台衣装をデザインするビル・ホイッテンのもとで修業した後に独立し、「タダシショージ」ブランドを立ち上げました。着やすい伸縮性のあるレース生地を使ったドレスが彼のデザインの特徴です。ショージ氏のドレスを着た女優さん、オクタヴィア・スペンサーが助演女優賞を受賞したことで、彼の名前が一躍世界中に知れ渡りました。

２０１５年2月のＮＹファッション・ウィークの公式リストには、アジア系以外にも、インド系、ブラジル系、レバノン系など、マイノリティのデザイナーが参加しています（表１−１参照）。パリに負けず劣らず、デザイナーのグローバル化が顕著です。個人のブランド以外にも、コンセプト・コリア、アジア・ファッション・コレクション、トーキョー・ランウエイ・ミーツ・ニューヨークなど、各アジア地域からの代表デザイナーたちで形成される団体もショーの公式リストに含まれています。

## ミッシェル・オバマ大統領夫人の影響力

アジア系、またはマイノリティのデザイナーが、アメリカで頭角を表すようになった要因のひとつには、大統領夫人ミッシェル・オバマさんの影響が大きいと思います。オバマ夫人は、センスがよくファッショナブルで有名です。身長が１８０センチと、モデルさん並みの背の高さで、何を着ても似合うという評判で、ファッション業界は彼女のスタイルを細かく追っています。彼女は、アジア系を含むマイノリティ系のデザイナーのブランドを積極的に着ていると言われています。

オバマ夫人は２００９年の最初の大統領就任式にはワンショルダーの白いドレスを、２０１３年の二度目の就任式には赤いドレスを着ました。両方ともジェイソン・ウーという台湾系アメリカ人のデザイナーの作品です。デザイナー本人もオバマ夫人が彼の作品を着るとは知らされてなかったようで、テレビに映って「あっ！　僕のデザインだ！」と、初めて知ったそうです。いまでは、「ジェイソン・ウー」と言えば、ニューヨークのスターデザイナーの１人です。２０１３年からは、ドイツの有名ブランド「ボス」のクリエイティヴ・デザイナーに選出され、ニューヨークのファッション・ウィークにも参加しています。オバマ夫人は他にも、日本の渡辺淳弥さんのカーディガン、キューバ系アメリカ人のナルシソ・ロドリゲス、イザベル・トリードなどのデザインを着ている姿がマスコミにしばしば出ます。

社会学の観点からは、尊敬する人の服装を真似したい、という人間の行動パターンを、ファッションの「トリクルダウン理論」で説明します。英語では、「レベレンシャル・イミテーション理論」という言葉も使われます。これは19世紀のアメリカの社会学者ハーバート・スペンサーを含む、数多くの理論家が語っています。人間は、尊敬する人、崇拝する人の真似をする生き物です。行動や考え方の他に、服装も含まれます。オバマ夫人に憧れる女性は、彼女みたいな人間になるために、彼女の服装も真似したいと思うわけです。若い人たちが、有名人やトレンドセッターと呼ばれる人のファッションを真似する現象は、すべてこの理論で説明ができます。理論がわかると、現象はすべてケーススタディになります。だから社会学では、理論を知るということ、または理論を考えることが非常に大切になります。

## ファッション・ショーは必要か？

これまでにお話ししたデザイナーは、皆ニューヨーク・コレクションに参加しています。ニューヨークの公式会場は、以前はブライアントパークでしたが、最近はリンカーンセンターに移りました。そのリースが切れるという話で、２０１５年2月を最後に、同年9月からは公式会場が移動するようです。

公式リストに掲載されているブランドは90件ほどですが、ファッション・ウィーク期間中は、ニューヨークのあらゆる場所で有名無名を問わず、数多くのデザイナーがファッション・ショーやイベントを行っています。全部で３００件ほどのショーが開催されているそうです。年2回のニューヨークのファッション・ウィークの経済効果は、８５００万ドル（約93億円）にものぼります。でも、デザイナーがファッション・ショーを開催するには、膨大な費用がかかるので、最近では、「ファッション・ショーは必要なのか」という議論が様々な場所で沸き起こっています。ファッション・ショーは一般の人に入れず、エディター、ジャーナリスト、バイヤーなど、業界関係者のみが招待されます。最近ではブロガーも招待されます。ショーの目的は、新作品を関係者にお披露目し、それらの情報を一般消費者に伝達するのが従来の目的でした。それが、最近ではファッション・ショーをやらなくても、直接消費者に情報を届ける、拡散する方法がたくさんあります。その結果、少しずつファッション・ショー離れが起きている気配です。

## ソーシャルメディアの発達と最大限の活用方法

ファッション・ショー離れの一番の理由は、ソーシャルメディアの発達です。ブログは１９９０年代後半にすでに存在していましたが、一般的に使われるようになったのは２００４年頃で、丁度その時期にフェイスブックも始まり、翌年２００５年には動画サイトのユーチューブ、２００６年にはツイッター、２００７年にタンブラー、と次々と新しいソーシャルメディアのツールが開発されました。今、アメリカで最も活用されているソーシャルメディアが、２０１０年にスタートした無料画像共有アプロケーションソフトのインスタグラムです。企業は新商品の宣伝目的などで、個人は友人らに自分の近況報告も兼ねて自分や家族の画像をアップしています。２０１４年12月現在で、3億人のユーザーが登録されているようです。ファッション・ショーに拘らなくても、クリエイターや、ブランドオーナーとして成功している若手が増えてきています。個人が趣味で使い始めたソーシャルメディアで、ビジネスとして大成功した例を3件ご紹介します。

●「カップケークス・アンド・カシミア」(cupcakesandcashmere.com by Emily Schuman)

勤めていたインターネットの会社を解雇になって、やることがなく新しい仕事も見つけられなかった、20代半ばだったエミリー・シューマンさんが２００８年に立ち上げたブログです。ブログの内容は、自分の服のコーディネートの写真、新しい化粧品を使ってみた感想、つくったお料理やお菓子の写真やレシピなど。これを毎日、月曜日~金曜日まで、多いときは１日数回更新していました。そのうちに、少しずつフォロワーの数が増えて、反響が広がっていきました。そこで、ブログの質をさらに上げようと、より奇麗な写真をアップするために、写真の撮り方や角度を研究したり、料理が一層おいしく見えるように器の盛りつけ方を研究したりなどの努力をしたそうです。その結果、ブログがより洗練されてきました。

●「マンリペラー」(Manrepeller by Leandra Medine)

現在75万人のフォロワーを誇る「マンリペラー」と題するインスタグラムがあります。このインスタグラムの管理者は、ニューヨーク大学でジャーナリズムを専攻した26歳のリアンドラ・メディーンさん。Repellerという用語には「寄せつけない人」という意味があります。つまり「Man Repeller」は男性を寄せつけない人、またはそのためのファッションという意味合いにも解釈できます。でも彼女が言いたいのは、「人のためのファッションではなく、自分のために、自分で選んで、自分の着たいように着る」という意味で、この名称にしたそうです。2010年からインスタグラム等にアップする写真はほとんど、彼女が着たファッションです。インスタグラムと連動して活用しているツイッターは23万人、フェイスブックは15万人のフォロワーがいます。これだけ大勢、人を集めることができると、アマチュアでも未経験でも企業が放ってはおきません。

●「ナスティギャル」(Nastygal.com by Sophia Amaruso)

人気オークションサイトから火がついた例もあります。「ナスティギャル」を始めたソフィアアマルーソさんは、高校卒業後は、学校も仕事も続かず、アパートの家賃を払うおカネもなく、友達の家のソファーに寝るような生活をしていました。そして2006年のある日、古着屋さんで本物のシャネルのジャケットを8ドル（約950円）で買いました。それを自分で着るのではなく、友達にモデルになってもらって、おしゃれにスタイリングして、写真を撮って、アメリカの人気オークションサイト「イーベイ（eBay)」に載せました。そうしたらオークションで、どんどん価格が上がり、最終的には1000ドル（約11万8000円）で落札されました。それに味をしめて、古着屋さんやフリーマーケットで売れそうな服をシラミつぶしに探して、そのシャネルのジャケットを売ったときと同様に、「ナスティギャル(Nastygal)」というお店の名称で、次々とオークションサイトで販売しました。その結果、彼女が売りに出す商品が飛ぶように売れて、大人気に。「ナスティギャル」という用語には、「すごくイヤな女の子」、「すごく意地悪な女の子」という意味があります。「Nasty Gal」と

**表1-2　3社の主なソーシャルメディアのフォロワー数とサイト訪問件数（2015年2月現在）**

| 名称（英語表記） | インスタグラム | ツイッター | 1日のサイト訪問件数 |
|---|---|---|---|
| カップケークス・アンド・カシミア（cupcakes and cashmere） | 241,000人* | 104,000人** | 65,603件 |
| マンリペラー(manrepeller) | 797,380人 | 232,000人 | 43,776件 |
| ナスティギャル(nastygal) | 1,503,193人 | 205,000人 | 233,694件 |

＊：インスタグラムのアカウント名は@emilyschuman
＊＊：ツイッターのアカウント名は@byEmily
（出所：各サイトから作成）

いう名前も、「Man Repeller」と同じで、ブランド名の付け方に遊び心があります。彼女たちと同年代の子たちを引きつける理由のひとつではないでしょうか。

これらの3つの例題の女性たちは、ソーシャルメディアを最大限に活用しています（表1－2参照）。お店を借りているわけでもなく、印刷して雑誌をつくっているわけでもない。無料のソーシャルメディアを利用し、フォロワーの数を増やし、それをビジネスにして商業的に成功したケースです。このフォロワーの数が重要視されます。フォロワーの数が多いと、企業がアプローチしてきます。まずは、「自分たちの試作品を送るから、使ってコメントをブログに書いてください」と頼まれます。ブログのビジター件数が2万人、5万人、10万人と増えていくと、「広告を掲載してくれないか」と企業がオファーしてきます。「カップケークス・アンド・カシミア」のブログ訪問件数は一日6万5千件。このブログを運営しているシューマンさんは、2010年には鞄メーカー「コーチ」とコラボレーションでバッグのデザイン、2012年にはブログ名と同じタイトルのライフスタイルの本を出版しています。「マンリペラー」を管理するメディーンさんも、有名ブランド数社から声がかかり、イタリアのスニーカーブランド「スペルガ」やフランス高級ブランド「ニナリッチ」などとのコラボレーションのプロジェクトで、商品制作に携わっています。インスタグラムのフォロワーが１５０万人を超える「ナスティギャル」は、２０１４年にロサンゼルスに直営店を構えました。今の時代、インターネットとやる気があったら何でもできる、できないことはないのではないか、と思わされますね。

## NYのスニーカーマニアたち

ソーシャルメディアを活用している集団に、スニーカーマニアたちも含まれます。私はスニーカーの研究をしているので、現在もフィールドワークを継続中です（『スニーカー文化論』日本経済新聞出版社、２０１２年）。２０１４年12月初旬に、ニューヨーク・マンハッタン34丁目にある共同展示会場ジェイコブジャビッツ・センターで、「スニーカーコンベンション」というイベントがありました（写真１－１参照）。スニーカーの売買を目的に、スニーカーが大好きな若者

**写真１-１　2014年12月６日にNYで行われた「スニーカーコンベンション」**

（写真撮影：川村由仁夜）

たちが集結します。約２４００円の入場料を払えば誰でも入れます。彼らも、ソーシャルメディアを巧みに利用しています。このイベントも、すべてソーシャルメディアを通して宣伝や告知をしていました。当日は1万人ぐらい集まったそうです。

アメリカのスニーカーマニアたちの間で最も人気があるのが、アメリカの有名バスケットボール選手2人、マイケル・ジョーダンのナイキ・エアジョーダンとレブロン・ジェームズのスニーカーです。ジョーダンはプロデビュー当時からナイキと提携し、自分のブランドのスニーカーを毎年リリースし、それが引退後も続いています（写真1－2参照）。復刻版も数多く出ています。現役のレブロン・ジェームズのスニーカー人気も後を断ちません。左右が違うデザインの「ホワット・ザ・レブロン」を履いている男の子を会場で数人見かけました（写真1－3参照）。ヒモの結び方にもトレンドがあります。今のトレンドは、しっかり結ばないで、ルースな感じにしておくのが流行です。参加者の履いているスニーカーを見ているだけでも、トレンドが見えてきます。

写真１-２　ナイキ「エアジョーダンⅨレトロ」スニーカー

（写真撮影：川村由仁夜）

写真１-３　ナイキ「ホワッタ・ザ・レブロン」スニーカー

（写真撮影：川村由仁夜）

スニーカーというのはスポーツ用、若い男性用で、ハイファッションとは無縁だというイメージがありましたが、今はそれが変わってきています。ヨーロッパの高級ブランドの多くがスニーカーを発売しています。たとえば、マルジェラ、シャネル、ディオール、バレンシアガ、ルイヴィトン、プラダ、ランバン、イザベルマランなど。でも、マイケル・ジョーダン、レブロン・ジェームズのスニーカーを好む若者が、これらの高級ブランドのスニーカーを履くかというと、おそらく履かないでしょう。一方、それらのブランド服を着ている人たちは、同ブランドのスニーカーを履くけれども、エアジョーダンのスニーカーは履かないでしょう。でも、ルイヴィトンが発売したスニーカーには興味を持たない子たちが、有名ラッパーのカニエ・ウェストとコラボレーションしたルイヴィトンのスニーカーだと履きます（写真1－4参照）。スニーカーが好きな若者は、ラップ音楽が好きな子が多いので、カニエ・ウェストのデザインであれば、「格好いいな」、「僕も履きたいな」と、購買意欲を掻き立てられます。

さらに興味深い傾向は、ハイヒールで有名な高級靴ブランドも、最近ではスニーカーを発売しています。広がっているスニーカーのトレンドには乗り遅れてはいけないということで、「クリスチャン・ルブタン」もスニーカーを発売しています。同ブランドの靴のトレードマークは真っ赤な底ですが、

**写真1-4　「カニエ・ウェスト×ルイヴィトン」のコラボレーションスニーカー**

（写真撮影：川村由仁夜）

スニーカーの特徴は外に貼り付けてあるスタッズ（飾り鋲《びょう》）です。「ジミー・チュー」もスニーカーを出しています。ハイヒール同様に、スニーカーも高級レザーを使い一足10万円近くします。

## 従来のファッション制度の構造やカテゴリーの変化

これらの成功例を見て私が感じるのは、従来存在していたファッションの中にあるカテゴリーが変化しているということです。カテゴリーというもの自体が、それほど重要視されないのではないでしょうか。プロが服をデザインして、ショーで業界関係者にお披露目して、バイヤーがセレクトして店で売るという従来の形態が急速に変化してきています。消費者とプロの区別が昔は明確に分かれていました。しかし、先ほど述べたように、ブログを始めた人がファンの数を増やし注目され、企業に対しても影響力を持つようになってきています。プロと消費者の差が曖昧です。「あなたの職業は何？」と聞かれた人が、「ブロガーです」と返事をして、それが職業として認められて成り立つ時代になっているのです。

高級服ブランドのデザイナーとファストファッションがコラボレーションするプロジェクトも年々増え、ハイファッションと大衆ファッションの境界線が薄くなってきているのがわかります。

さらに、男性服と女性服の区別も重要でなくなってくると、見ている人もいます。とくにニューヨークはゲイの人たちが多い街で、同性愛者同士の結婚が合法化されたときに、街中のウィンドウに、ゲイの人たちを対象にした結婚式用の服装が飾られました。２体ともドレスを着ていたり、タキシードを着ているセットのマネキンがありました。または何かこれまでと異なったウェディング・スタイルが提案されるのかと、ファッション関係者は注目しています。ファッション制度の変化も含め、これらの変化がヨーロッパや日本ではどうなのか、今後比較して研究していきたいと思っています。

## ファッションと社会問題

ファッションを社会学的に見るときに、さらに注目する点は、ビジネスやトレンドとして見るのではなくて、特定のデザインが社会や世の中に及ぼす影響を考えることも大切です。私は大学の授業で、ファッションと社会、人種の問題についてよく話をします。とくにニューヨークは、多人種・多民族・が共存する街なので、アメリカならではの問題や疑問が生じます。日本の学生さんはどう感じられるのか知りたいので、お話したいと思います。

まずは、ジェレミー・スコット×アディダスのスニーカー。２０１２年にジェレミー・スコットがスニーカー大手とコラボレーションして、スニーカーにプラスチックの足鎖を付けた作品をデザインしました。アメリカ人が見ると、「黒人を冒涜するデザイン」と受け取られます。そのスニーカーが発売されるというニュースと画像がネットで流れ始めたときに、ツイッター上で激しい論争が起こりました。「こんなものをつくるジェレミー・スコットは、とんでもないデザイナーだ」と非難が集中しました。足鎖の部分が奴隷を連想させ、そういう歴史を背負っているアメリカの黒人からは、無神経で人種差別を露骨に表現したデザインに見えます。結果、アディダスはこのスニーカーを発売中止にしました。国によって消費者の反応が違うと思いますが、日本ではどう受け取られるのでしょうか。

さらに、大手下着メーカーのビクトリアシークレットが、「セクシー・リトル・ゲイシャ(Sexy Little Geisha)」と名付けたランジェリーコレクションを発表。「ゲイシャ」というタイトルが付いているので、単に「日本的」と考えると思うのですが、これはアジア系アメリカ人、とくに日系アメリカ人の団体が「日本人の女性は、セクシーで芸者っぽいというイメージのステレオタイプをより強調する」と強く抗議した結果、すでに発売されていましたが、店から引き上げられました。これもマイノリティの学生から見ると、「ビクトリアシークレットはこんなデザインを出すなんて、日本人の女性に対して侮辱も甚だしい」というように捉えられます。私も日本人なので、「川村先生はどう思いますか」とアメリカ人の学生に聞かれますが、芸者さんの文化は私も含めて一般の日本人からはかけ離れているので、私個人は腹が立つとか侮辱とは思いませんでした。「面白い記事だから授業で学生とのディスカッションに使える！」というのが、私の一番初めの感想です。

最近では、スペインの大手アパレルのＺＡＲＡ（ザラ）が、子供服の中で「シェリフ（保安官）」という商品名のストライプの長袖Ｔシャツを発売しました。左胸には黄色の星のワッペンが縫い付けてあります。このデザインは、第二次世界大戦時にユダヤ人が収容所に入れられたときに着させられた服にそっくりです。ネットでは本物の囚人服とＺＡＲＡのこの

Ｔシャツが並べられた写真が出回りました。その結果、「シェリフ」は発売中止になりました。

他の文化とあまり縁がないと、何が侮辱的なのか否かは理解や判断が難しいと思います。私の授業でも、これについてディスカッションをしますが答えはないのです。文化が違うと、物事を見る角度や解釈が様々です。英語で、「カルチュラル・アプロプリエーション」という言葉があります。これは、他文化の要素やアイディアを捻って自分たちの解釈で利用するという、ネガティブな意味合いが含まれます。普通はマイノリティの文化を指す場合がほとんどです。これらのファッションの例題は、他の文化や民族を見下す意味で使っているのか、またはデザイナーが単にインスピレーションを受けたのか。これはアメリカならでは生じる議論かもしれません。皆さんも、ぜひ考えてみてください。

## ＮＹ州立ファッション工科大学（ＦＩＴ）

最後に、私が教えている大学は、日本語ではニューヨーク州立ファッション工科大学、英語ではFashion Institute of Technology（ＦＩＴ）/State University of NY（ＳＵＮＹ）と言います。ＮＹ州立大学は全部で64校あります。私たちの大学はその一校です。マンハッタンにあるＮＹ州立大学は、唯一私たちの大学だけです。七番街ファッション地区の中心にあるキャンパスで、業界とも直結しています。ＦＩＴには３つの大きな学部があります。アート＆デザイン学部、ビジネス＆テクノロジー学部、リベラルアーツ学部。アート＆デザインとビ

**写真１-５　講演中の川村由仁夜氏**

（写真撮影：明治大学商学部）

ジネス&テクノロジーの教授陣は最低7年間業界で働いた経験がなければ教員にはなれません。リベラルアーツの教員は学者なので博士号保持者です。大学院は、修士号課程があり、イラストレーション科、グローバル・ファッション・マネジメント科など、他校にはない特殊な専門学科があります。どんどん新しいプロジェクトが進んでいて、２０１４年9月から「フィルム・アンド・メディアスタディース」という新しい学科ができました。監督や脚本家を目指している学生を対象にしています。現在も新しい学科を立ち上げる準備が始まっています。

www.fitnyc.edu がウェブサイトなので、ぜひご覧ください。

# 第2章　変容するファッション・ビジネス――小売に革命が起きている

尾原　蓉子

## 1 はじめに

今回、明治大学商学部の記念シンポジウムに講師でお招きいただいて、大変光栄に思いますし、これだけの若い方と話ができる機会をいただいたことに感謝しております。私がいただいた今回のテーマは、「変容するファッション・ビジネス ― 小売に革命が起きている」ということです。

私は、大学を出て旭化成に入って以来、繊維部門の商品開発、マーケティング、そしてファッション・ビジネスに携わってきました。業界が設立した財団法人ファッション産業人材育成機構「IFIビジネス・スクール」の立ち上げに取り組み、学長も、最近までの10年間務めました。現在は、ニューヨーク州立大学、FITの日本での同窓会会長をしております。FITの卒業生が日本に約400名強ほど、いらっしゃいますが、その方々も含めて、ファッション関連業界、化粧品業界やホーム関連で活躍する女性をもっともっと輝かせたいと思

**写真２-１　講演中の尾原 蓉子氏**

（写真撮影：明治大学商学部）

い、２０１４年６月に「一般社団法人ウィメンズ・エンパワメント・イン・ファッション（ＷＥＦ）」を設立しました。

その目的は必ずしも女性の管理職をつくるということではなく、むしろ女性リーダーをつくりたいと考えています。なぜならば、ファッション業界や、とくに小売業では、お客様の８割、社員の７割が女性であるにもかかわらず、去年の繊研新聞のデータでは、課長の女性比率は10・5％です。ファッション業界は女性がものすごく活躍している業界だと、皆さん思っておられるかもしれません。確かに課長クラスまでは女性比率が10・5％で、他の産業よりも多い状況です。そのことはとても大事なことですが、しかし部長以上、あるいは役員となると、女性比率は圧倒的に少ない。日本での女性管理職比率は、ダボス会議の世界経済フォーラムでは、１３５カ国中１０４位です。いかに女性が経営幹部として重要な意思決定に参画してないかということに大きな疑問を感じまして、私のキャリアの最後の仕事として、先ほどのＷＥＦを立ち上げました。設立後の半年間で、すでに２つのシンポジウムやいろいろな勉強会を６つ開催しました。女性の方、興味のある方は、学生会員の制度もありますので、ぜひご参加ください。

私が長年、ファッション・ビジネスに携わってきたと申しましたが、実は1966年にフルブライト奨学金をいただいて、FITに留学しました。そのときに出会った本が『Inside the Fashion Business』という本でした。これを日本に紹介したいということで、たまたま旭化成に勤務していましたので、旭化成のカシミロンという素材の発売10周年記念として、それを日本語に翻訳して出版したのが1968年です。[1] それから半世紀近く経っているのですが、その本がまさに、日本に初めて「ファッション・ビジネス」という言葉と、その概念を紹介した文献ということになっています。

その後、非常に短い期間に日本のファッション・ビジネスは急成長しましたが、今ここへ来て、大きな壁にぶつかっています。この話をし始めると長くなってしまうので、今回は「小売に革命が起きている」という話に絞りますけれども、洋服が売れなくなったとか、いろいろなことを、皆さんも聞かれると思います。あるいは、先ほど（本書第1章）川村由仁夜先生から、「ファッション・ショー離れが始まっている」とか、「デザイナーとプロの小売業、あるいはアパレルのマーチャンダイザーの独壇場だと思っていたところに、ブロガーが出てきて、そのまま商品を紹介して、それを販売につなげている」というお話もありました。間に入る人は誰もいらない、みたいなことすら起こりかかっているわけです。

女性のエンパワメントという会「WEF」を立ち上げたことに関して、『日経ビジネス』誌[2]が取材をしてくれました。その取材で、「尾原さんにとって、エンパワメントとなったの

1　B.ジュデール著、尾原蓉子（訳）『ファッション・ビジネスの世界―繊維の生産からオート・クチュールまで』（東洋経済新報社、1968年）。
2　『日経ビジネス』2014年9月1日号「有訓無訓」。

は何ですか」と聞かれたのですが、私にとってそれは3回の留学体験です。1回目は高校時代の交換学生、2回目はFIT、3回目はハーバード大学へ留学しました。これらの機会によって、勉強だけではなく、もっと違った世界のいろいろな人たちと接し、ネゴシエーションをし、そういう人たちと一緒に行動し、ある分野ではリーダーシップをとる、というような経験を積むことができました。そういう異文化での生活体験を持つ人材が日本では非常に少ないのです。今の大学生が10年後にどんな仕事をしているかを考えると、グローバルに通用する能力を持っているか持ってないかで、お給料も、ポジションも、何もかも全く違いますから。このことだけは肝に銘じて覚えていただきたいと思います。

そして若い皆さんにお伝えしたいのは、この大きな変容のときというのは実はものすごいチャンスが到来しているタイミングだということです。アメリカは今、起業ブームです。先ほど川村先生からのお話にもありましたが、ｅＢａｙのオークションサイトから発展したNasty Galのように、まさに個人が別にベンチャーキャピタルから資金を提供してもらわなくても、どんどん自分でそうしたビジネスをスタートすることができる時代なのです。ＩＴ関連費用も安くなりました。たとえばサーバーにしても、昔は何百万円もしたのが、今は非常に安い値段で借りられます。スマートフォンだけでも何かできる時代です。ぜひ皆さんも、「自分で何かやれないか」と思っていただきたいのです。最後には、そういうことで成功した2つの事例をご紹介したいと思います。

## ２ ファッション・ビジネスの変容を加速する４大潮流

今回の講演でお伝えしたいのは、小売業に革命が起きているということです。ちなみに、「小売業に革命が起きている」というサブタイトルは、今の日本ですと、まだちょっと違和感があると、お感じになる方がいらっしゃるかもしれません。まだそこまで行ってないのではないかと。でもこの表現は、アメリカでは去年（２０１４年）から盛んに言われていることです。

かつて日本でコンビニエンスストアが温めたおでんを売るようになったとき、私もびっくりしました。おでんの臭いをお店で嗅ぐというのはどうかなぁと思ったのですが、その後今では１００円のコーヒーが出てきて、カフェのようにおしゃれなサンドウィッチもしゃれたカウンターで食べられる。あるいは、宅配を依頼した商品をそこでピックアップもできる。公共料金の支払いや振り込みもできる。銀行の預金の引き出しもできる。今は商品のデリバリーまでしてくれるようになっています。コンビニエンスストアは、たぶん日本が世界で一番進んでいると思います。このような一連の変化は、すべて静かに進行している「革命」以外の何ものでもないわけです。本来は、まったく別の業界でやっていたことが、まさに１箇所で済んでしまうということになっているのですから。それにどれだけ余分なおカネを支払うかは別ですけれども、このようなことが日本で、私たちの身の回りで起こっています。

アメリカの場合には、ファッション・ビジネスで、すでに上記のような「革命」と言えるものが起こっているのです。その背景として、日本にも共通な４つのことが挙げられます。

## 消費者の価値観と行動が変化している

これが背景の第一です。

### ●長期経済低迷、東日本大震災、社会構造の変化にともなう格差拡大

バブル経済の崩壊以来、これまで長い間の経済低迷があったり、東日本大震災があったり、社会構造の変化があったりしてきましたが、最近では、消費者の論理が強くなってきたと言われています。一方で今、高所得者と低所得者の格差が広がっているということも大きな問題になっています。

### ●身の丈消費、本質志向が進み、ファッションの意味が変わってきている

そのような状況下で消費者は無理をしない消費に力を入れています。それから、物事の本質を見極めたいと思っています。したがって、本物志向というものが出てきます。それから、ファッションの意味がこれまでは、流行ということで、それに遅れないでついていく、みんなと同じ格好をしていたいということが、大変に大きな要因でしたけど、昨今はそうではなくて、自分のスタイルをつくるということに変わっています。自分が好きで、自分ら

しい、しかも着心地が良いものを。結局はその人その人によってニーズが違いますから、それに合うおしゃれな服などのアイテム、それがファッションであるという定義です。

## ●消費者がコマースの主体に

今の若い人は、ファッション専門学校に通っていても、かつてのデザイナーの名前を知らない学生も多いようです。これは、私たちにとってはショックです。川久保玲さんと言えば、日本を代表するデザイナーです。世界のデザイナーが、デザイナーズデザイナーと言われるくらいに大変な、クリエイティヴなパワーを持った方なのです。ところが、その名前すら知らないファッション専門学校生がいる。そして、彼女ら彼らがどんなところで洋服を買っているかといったら、古着屋さんと、ユニクロとH&Mがほとんどですよね。それが若い世代にとってのファッションなのです。それがいけないということではないのですが、まさにそういう時代になってきた。いわゆるモードとしてのパリの有名デザイナーがつくる流行というような時代から、かなりかけ離れてきているということです。それから、個人化が進んでいる。自分流にパーソナライズしてもらいたいという願望を持つ消費者たち。その一方で消費者が商売の主体者になる。そんな時代変化が進んでいます。

## ビッグデータ、クラウド、３Ｄ印刷、モバイルが顧客行動を変える――「テクノ個客」が増えている

インターネットは言うまでもありませんが、これからはビッグデータを、従来とは違うレベルの範囲で、しかも安く扱えるようになる。クラウドについてもそうです。それから３Ｄ印刷。印刷で洋服までつくれてしまう時代が来る。そしてモバイルが顧客行動を変えていく。私は、これを「テクノ個客」と呼んでいますけど、肌身離さず付けているモバイルで、あらゆることができてしまう。そのような個人があちこち移動するわけです。家でも、ご飯を食べているときも、寝るときも、モバイル機器を隣に置いている。もちろん学校へ行くときも、道を歩いているときも。道を歩いていたら、いつものレストランから、「きょうは特別に、あなたの好きなこのメニューがお安いですよ」なんていう語りかけが来る。そんな時代になっているわけですから、そのテクノ個客が、いつでも、どこでも、好きなときに、好きなやり方で、好きな相手にアクセスする、あるいはアクセスしない、という選択ができるわけです。そして、そこで得た情報をまた即座に、ソーシャル・メディアやＳＮＳなどを使って、広範囲に拡散させるという時代になってきています。

## 先進国の成熟と新興国・途上国の台頭により、グローバル競争が熾烈化する

先進国として成熟し、そうした成熟した社会で生活すると、その社会においてヒトはモノをたくさん持つことがいやになってくるようです。本当に大事な良いモノだけを、数少なく

持つ。日本でも「断捨離」という表現を頻繁に見たり聞いたりしますが、自分が生きること、素敵な生活をすることのほうが、モノを所有することよりも大事だという考え方になっています。途上国では逆に、これからまだまだ、所有することの意味が大事になるかもしれません。たとえば中国などでは、ファッション・ビジネスとしては日本の30年か40年前ぐらいのレベルにあります。とにかくブランド、それも世界一級のラグジュリーなどが非常に注目の的になっています。そういうグローバル化が進んでいて、競争が熾烈化する。とくに企業は、そのグローバル競争に挑んで戦わなければいけないし、勝たなければいけません。勝つためには、グローバルで戦える人材が必要です。これは言葉で言うのは簡単ですけど、英語ができるというだけではダメです。私は今、日本ＦＩＴ会の会長として、留学生が減っているという現状を大変残念に思っており、「ファッション・ビジネスにおける留学」というセミナーを毎年開催しています。

留学するというのは、もちろん専門知識を身につけたり、言葉が自由になるというような利点もありますが、何より大切なのは、まったく違う文化、人種、環境のヒトと、堂々と渡り合えるようになることでしょう。時には日本語を使ってコミュニケーションをとってもよいと思います。それが向こうに通用すれば。ただ、縮こまらないで、劣等感を感じないで、自分の意見をぴしっと言い、相手の意見もしっかり聞き、反論する。そういうようなことができるようにならないといけないのです。

そんなわけでグローバル化ということは、単に商売で国境を越える、輸出入が増えたということではなくて、グローバルに通用する企業になり、グローバルに通用する人材になるということです。

そのためにはブランディングが非常に重要になります。ブランド力とその魅力があれば、アフリカ大陸の南端からでも検索してもらって、見てもらえるわけですよね。自分の会社のブランドの何がユニークかということが、パーンと打ち出せれば、インターネットでつながるわけです。だから、ブランドの構築が非常に重要です。

## 企業の社会的責任の重要性がますます高まっている

ファッション・ビジネスの変化を加速する4番目の要因は、企業の社会的責任が非常に重要になっているということです。「コンシャス資本主義」という言葉がよく使われるようになりました。人や社会に配慮のあるビジネスの展開、エコロジーあるいは地球のサステイナブル、つまり維持可能な環境をキープすることが企業に対して求められ始めています。それからエシカルな基準、つまり倫理的な（道徳上の）基準も重要性を増しています。「非人道的な環境で労働をさせられている人たちがつくった服なんか恥ずかしくて着られないわ」というのが、今の欧米、とくにヨーロッパの動きです。一生お金を貯めても履けないような値段の靴を、ものすごく貧しく、しかも小さな子どもたちがつくっているということで大変問題になったシューズメーカーがありました。アメリカの企業ですから、すぐ対応をとりましたけれども、私たちが幸せにぬくぬくと生活していることを支えてくれている、世界の貧しい人たち、とくに子どもたち、あるいは女性たち、そういう人たちのことも考えるということが、企業の責任の一部になってきています。

先ほどお話ししたように、日本ではまだ、革命が起きているということをご紹介できるような事例がファッション・ビジネスでは少ないのですが、そういう意味では日本は遅れていると言わざるをえません。

## 3 小売革命を進行させる要因とは

「小売業に革命が起きている」。これは、ＮＲＦ（米国小売業協会）の２０１４年の年次大会におけるメッセージです。その内容をまとめれば、次のように表現できます。

「今は大革命の最中、新しい仕組み・秩序の模索中。あと10年ぐらいのうちに、この仕組みが明確に見えてくるだろう。〝リアルの価値〟を〝デジタル〟が支援する。〝テクノロジー〟が巨大な可能性を拓く。勇気あるイノベータのみが成功する。」

近代社会が生まれた産業革命、それに匹敵するような変革が小売革命として始まっています。20世紀以来の小さな変化の蓄積を経て、テクノロジーが可能にした新たな消費者行動を実現するような革命についての分析を、Gartner（ガートナー）というシンクタンクが行っています。

## eコマースの急成長

### ●価格競争の激化

小売革命を進行させる要因としては、まず、eコマースの急成長があります。それは、先ほどご説明しました「テクノ装備の個客」への対応でもあります。業界の背景としては、まず「競争」。特に価格の競争が熾烈化しています。皆さんもShowrooming（ショールーミング）という言葉を聞かれたことあるかもしれませんが、お店で商品を見て、それをネットで検索し価格を比較して注文するというようなことです。

たとえば、“DOLCE VITA”（ドルチェ・ヴィータ）というブランドのサンダルが69ドルなのに対して、ディスカウントストアの“Target Corporation”（ターゲット・コーポレーション）が自分のところでオリジナルで開発したと称するサンダルの価格は20ドル未満。両方を直接並べて比べて見ると「やはり違うわね」と思うけれど、「履いちゃったらほとんど同じ」と私は感じました。ほとんどというか、まったく違いがわかりませんよね。脱げば有名ブランドのほうには、ロゴが付いているのがわかりますが。

それから、この頃、店頭のセールが非常に少なくなりました。アメリカの百貨店で一番おしゃれと言われている“Bloomingdale's”（ブルーミングデールズ）からは、毎日「メルマガ」が届きます。私は、毎年1月と5月にそのデパートの売り場を定点観測していますが、去年から今年にかけて、1月の店頭がすごくきれいなんです。それまでは、セール、20％ＯＦＦ、50％ＯＦＦという看板がいっぱい立っていました。「どうしちゃったのかしら」と思ったら、セールはネットでやっているのです。ネットなら、「いまから2時間だけ特別価格です」とやって、2時間たったら「やめ」ということだって簡単にできるわけです。すなわち、時間限定のFlash Sale、お昼を挟んで3時間だけ値段を下げます。それが終わったら元へ戻します。“Neiman Marcus”（ニーマン・マーカス）などのデパートでも、実施していました。

●ソーシャル・メディアの重要性が拡大し続けている

ソーシャル・メディアの重要性も拡大し続けています。ソーシャル・メディアが重要だということは、先ほどの川村先生のお話にもありましたが、たとえばPinterest（ピンタレスト）[3]、これは小売業が非常に重視しています。ピン[4]してもらったアイテムを、毎週順番に並べると、人気があるものがわかります。ノードストロームのケースでも、アイテムを並べて、「これが皆さんが『いい』と言っているものですよ」という情報を売り場でビジュアルに与えるわけです。あるいはインスタグラム、非常に伸びている画像のツイッターです。これもフォロワーのエンゲイジメントという点で、しっかりはまってくれるお客様が多いということです。

●チャネルの境界は消滅し、お店の役割の変化

たとえば、“Peapod”（ピーポッド）という会社、この会社の注文は簡単です。通勤の行き帰りに看板でQRコードをスキャンすることで、簡単に注文できます。それを自宅に届けてもらうように発注するわけです。

---

3　Pinterest（ピンタレスト）とは、気に入った画像や動画を自分のボードへ貼りつけて、共有できるウェブサービスのことです。

4　ピンとは、Pinterest（ピンタレスト）のボード上に画像や動画を掲載することです。

それともう1つご紹介すると、未来のウィンドウ・ショッピングということで、“Kate Spade new york”（ケイト・スペード ニューヨーク）というブランドのお店が日本にもありますけど、“KATE SPADE SATURDAY”（ケイト・スペード サタデー）という系列のブランドが、「ウィンドウ・ショッピングの未来はまさしくこれ」という試みを２０１３年の夏に4週間、ニューヨークの4カ所で展開しました。それは、ｅＢａｙとコラボレートした「ケイト スペード サタデー 24HRSウィンドウショップ」という、24時間いつでもウィンドウ・ショッピングが楽しめる画期的なサービスです。タッチパネルで欲しいモノを探して、情報も集めて、買い物までできちゃう。このサービスがニューヨークの4カ所で、ストリートにウィンドウをつくって実施されました。1時間以内にマンハッタンとブルックリンの範囲なら無料で配送します。場所は、レストランでも、ご自宅でも、野球をやっている公園でも結構です。とにかく「すぐに欲しい。『すぐに』」という要望に対応することが、今、アメリカで重要になっているようです。

ケイト・スペード サタデーはブランド認知度が低いということで、そのブランドをアピールして覚えてもらうことを目指して上記サービスを行ったのですが、それが大成功。85%の若い人が、これによってケイト・スペード サタデーというブランドを知ることになりました。すべてのショッピングが、こんなふうにタッチパネルで、また路面でやるようなことにはならないと思いますけれども、非常に面白い未来的な事例だと思います。

続きまして、２０１４年11月に、ニューヨークのＳＯＨＯにオープンした“Rebecca

Minkoff" （レベッカ・ミンコフ）というデザイナーのショップもご紹介します。彼女は、バッグからスタートしたデザイナーです。もともとITに結構興味を持って、いろいろなことをやっていた人ですが、ITをフルに活用しています。たとえば、お店に入ってすぐ右手に大きなタッチパネルが設置されています。これを使ってお客様が「TAP」と書いてあるところをタッチして、いろいろな情報を集めたり、「コーヒーを飲みたい」と希望したら、コーヒーもお店の奥に用意してくれて、「コーヒーできました」という案内メッセージが、このお店のアプリをインストールしたスマートフォンを持っていれば、スマートフォンに来るというような仕組みにもなっているのです。それから、販売員を呼ぶためや、あるいは鏡としてもそのタッチパネルは使えます。

このお店でもっと面白いのは、試着室の照明とか、流れる音楽を個人化するという仕掛けです。日常生活でも、その人の好きなものにするということが、非常に重要になり始めています。音楽などはまさにそうですよね。私などは、変な音楽をかけているところでは、試着もしたくないと思います。自分が気に入らないものはイヤ。だけど、このお店では『ハドソンの夕暮れ』とか、『ブルックリンの朝』などという照明の選択ができるのです。その照明の中で自分が着たい服が、どういうふうに見えるかというシーンを再現することが可能となりますが、これには本当のニーズもあるかもしれないし、あるいはムードを高めて購買意欲を高めるという効果もあろうかと思います。

それから、商品にバーコードが付いていて、試着室の上にセンサーがあって、それがバーコードを読み取るので、お客様が、どの商品を試着室に持ち込んだかわかるようになっています。そうすると、タッチパネルのモニターに、それを着たモデルの写真や、コーディネートのサジェスションが映し出されてきます。また、タッチパネルの操作により「別のサイズや違う色も試着したい」と、それらを販売員に持ってきてもらうための要望もできるのです。

こういうお店ができると、同じような顧客層をターゲットにしているところは、負けてはいられないわけですよね。そういうことでアメリカの場合には、どんどんイノベーションが起こり、それを超える努力をする人たちが続々と出てきているのです。だから面白いのだと思います。

## ●〝アマゾンの脅威〟に、いかに対抗するか？

アマゾンが、今、小売業で非常に大きな脅威になっています。即日配達、あるいは翌日配達がもう一般化している。日本もそうですね。無料配達も、メンバーになれば可能です。

「アマゾンをいかに攻略するか」というセミナーは、いずれも大盛況で、立ち見どころか、通路に座る人まで出るほどです。彼らは、「どうやったらアマゾンに対抗できるのか」をいつも考えています。アマゾンと戦うという発想そのものが、もう今や大変大それたことになり始めているようですが、だからこそ自分の得意とするニッチな領域で絶対勝負できる、勝てると信じて、その目指すところを見つけざるを得なくなっているわけです。

アマゾンでもう1つ話題になったのは、「無人機（ドローン）で配送」という試みです。

これは当初、2015年にも開始予定という発表でしたが、実際には当局の認可が取れなくて、大分先に持ち越すことになったようです。これは、たとえば、地方に住んでいる一軒家のご家庭に急患が出たときに、指定の薬を物流センターの出口のところでこの無人機がピックアップして届けるというような実用性を目指しています。

## ●デジタルとリアルの融合

「テクノロジーに積極的に取り組め」というメッセージも、最近非常にたくさん出てきています。キーワードは、デジタルとリアルの融合ということでの進展です。

たとえば、アディダスのデジタル仮想棚。これはイギリスで3年ぐらい前からスタートしているのですが、いろいろな情報がタッチパネルで得られるし、注文もできる。そんなことは当たり前になってきたのかもしれません。

ビーコンを売り場に設置するのも最近増えてきました。これは、いわゆるBluetooth（ブルートゥース）を使って、人が近づいたときに低エネルギーで情報を発信するという仕組みです。これが最近、マネキンに搭載されて、そのマネキンの脇に、そのお店のアプリを持っている人が近づくと、「この洋服は…」というような説明をしてくれます。これも急速に広がっていて、“Macy's”（メイシーズ）などのデパートでも、いまかなりの店舗に導入しています。

それから、自分のサイズをボディスキャンするという仕掛けについても、いろいろな手法を用いてアメリカで行われています。アメリカは、サイズ区分がものすごく多様になっています。日本とは比較にはなりません。婦人服などは、日本のサイズの多分10倍ぐらいのサイズバリエーションがあると思います。ブルーミングデールズの2階の売場で、その仕掛けの中に入ると、2分間で身体の2万ポイントをスキャンしてくれて、「あなたがお求めのジーンズは、たとえばディーゼルだったらこの品番、○○だったらこの品番がいいですよ。サイズは△△です」というようなアドバイスをプリントアウトしてくれる。それを持って、その売場に行くと、ジーンズが簡単に試着できるのです。

その他にも、まだ実用には少し時間がかかると思いますが、3D印刷というのも拡大は時間の問題です。スニーカーだとか、ジュエリーだとかは、もう日本でも始まっています。QRコードも非常に有効に活用されており、しかもそれをデザインにしているような香水まで出てきています。QRコードからお客様が必要な情報を入手するというのも、非常に広がっています。あるいはレジが、いわゆる従来型のPOSレジから、スマートフォンあるいはタブレット型端末に変わり始めています。それは、〝メイシーズ〟などでもかなり広がってきています。

## オムニチャネル

### ●オムニチャネルとは

今、オムニチャネルというのが重要な概念として浮上しています。「オムニ」というのは、あまねく、全方位という意味です。お客様がチャネルの壁を越えて、（リアルの）お店であろうと、ネットであろうと、電話であろうと、カタログであろうと、どこからアクセスしても、同じ情報が得られ、一元管理された在庫データから、たとえば、特定製品のサイズの在庫有無といった返事までもらえる。発注もできる。そういう仕組みをつくろうということで、3年ぐらい前から、アメリカ企業が非常に力を入れてプロモートしている概念です。あるいは、皆さんにとってはまだ聞き慣れない言葉かもしれません。「顧客セントリック」、つまりお客様を中心に置いて、すべての活動をお客様のために組み直すという考え方です。

マーケティング・チャネルを類型化すると、シングル・チャネル、マルチ・チャネル、クロス・チャネル、オムニチャネルに分類できます。シングル・チャネルとは、お店で個人と結びつくという伝統的な関係です。それに対して、店舗販売に対して通販など別の結びつきの仕組みができると、マルチ・チャネルになります。それからクロス・チャネルというのは、いろいろなチャネルがあるのだけれども、企業側はお客様を捉えることを全方位でできるようになっていても、お客様の側は、企業側の在庫だとか、そういうものを、どこからでも確認できる状態にはなっていないという状態でのチャネルの多様化です。それがオムニチャネルになると、お客様があらゆるチャネルの中で、実はチャネルという言葉もうらなくなるのですが、あらゆる手段からアクセスして、自由に複合的に使うもしくは簡単にそれらを使い分けられるようになります。また、友達のSNSなども含めて情報収集し、買い物の決断をして、使った結果などのツイートなどをする。今はまさにそういう時代です。

## ●〝メイシーズ〟の「オムニチャネル」新定義

オムニチャネル化を、大手小売り企業で一番進めているのは〝メイシーズ〟です。同社は、800以上の店舗を持つアメリカ最大の売上4兆円に近い会社です。テリー・ラングレンCEOは、「我々はもはや〝百貨店〟ではない。"24/7 Macy's"だ」、つまり「24時間いつでも開いている〝メイシーズ〟です」と言っています。今、即日配達もテストしていますが、あらゆる人に対応するというよりも、特定の消費者、つまり〝メイシーズ〟がお客様だと思っている、その人たちをすべての施策の真ん中に置いて、戦略、計画、マーチャンダイジング、チャネル運営、メッセージ発信を行っています。

3年前に全米小売業の大会で〝メイシーズ〟の幹部が講演し、「うちはEメールも個人にカスタマイズして出しています。同じ内容のメールでも50万通りの表現で発信しているのです」というお話をされるのを聞いて、私もびっくりしましたけれど、会場がどよめきました。それはもう3年も前のことですが、それぐらい個人のデータをしっかり持ちながら、それに働きかけができる仕組みを当時すでにつくっていったわけです。

今ではノードストロームも、メイシーズと並んで、これをやっています。両社ともに、この施策に取り組み始めたときから、売上カーブが上がっています。それは、オムニチャネル戦略がいかに有効かということを示していると言われています。オムニチャネルの本質というのは、インターネット、デジタル、モバイルで、顧客（個客）と企業の関係が、顧客が主導することになること。そして、顧客セントリックの形で、企業がお客様を中心に、その利便性・満足・幸せのために構築するものなのです。

## ●日本の百貨店でのオムニチャネル戦略が第一歩を踏み出す

日本の百貨店のオムニチャネルの第1号に相当するとうたったものが、２０１４年11月に、グランツリー武蔵小杉のそごう西武百貨店にできました。ここではライブショッピング・サービスといって、事前に武蔵小杉で渋谷と横浜のお店のたとえば「手袋を見たい」と予約すれば、５点まで現物が中継で見られるようになっています。やはり事前に予約すれば、試着サービスも可能です。

ライブショッピング・サービス・カウンターがあって、担当の方が非常に親切に、いろいろな相談に乗ってくれます。ライブショッピングの特別室では、パネルはモニターに、あらかじめ予約した渋谷店の手袋のバイヤーさんが、「こういうモノを選んでみましたが、いかがでしょうか」というような対応をしてくれます。実際に会話もでき、ｉＰａｄでのサポートも得られます。最終の受け渡しのお店や方法も指定することができます。

ただ課題は、これは日本のあらゆる企業の課題と言えますが、在庫の一元管理ができていないことです。つまりネットの在庫と、店舗の在庫と、物流センターの在庫と、これが一元管理できないのでは、完全なオムニチャネル化はできないし、お客様がお店に来店しなければいけなかったら、それではオムニチャネルとも言えません。もちろん、お店側としてはお客様の来店は歓迎しますが、「オムニチャネル」としては、お店に来なくても、どんな場所からでもいろいろ同じようにできるようでないといけません。だから、まだまだちょっと、メイシーズなどのアメリカ企業との距離があるという感じです。

### ●ビジネスのパーソナル化

いわゆる一般的なカスタマー／顧客としてではなく、1人ひとりのお客様（個客）に対応するという考え方、そしてそれがMagical moment（マジックモーメント）、すなわち〝魔法の瞬間〟という感動の瞬間をつくるということが主張されるようになっています。そしてパーソナル化の中には、個人が価格を指定して値段交渉するというビジネスモデルも出てきています。皆さんはご存じないかもしれませんが、昔、お店でモノ、とくに高いモノを買うときには、「ねえ、もう少し安くならない？」というような交渉をしたものです。それがネット上でできるようになってきました。他のお客様が周りにいるところで、1人の人だけに、「じゃ、100円引いておくわ」なんて言ったら、他の人も「私も引いて」ということになるけれど、ネットで「100円引きます」と言っても、他の人はわからないわけです。そうすると、そういうこともいろいろな形で可能になります。

たとえば、ボストンに紳士服の老舗の店があるのですが、その紳士服店はセレブなどがスポーツウエアなども頼んでいるところですけれど、そこが次のような仕組みを最近始めました。それは、お客様が値段指定をするのです。たとえば1万円の商品を、「8千円なら買うよ」とお客様が言ったとします。そうすると会社は、〝8000円ならこの人、買う気があるな〟

ということで、在庫の状況とか、いまの市中の値段とか、それこそビッグデータも駆使して、そういうことがみんな把握できるわけですから、「8500円でどうですか?」というカウンター・オファーを出す。そうすると、その買い手は「8100円でどう?」みたいなことを言ってくる。このやり取りが3回の往復まで可能で、3回以上「ネゴ」(ネゴシエーション:交渉)が続くと、それはご破算になります。最初の指し値が、たとえば1万円のモノを「500円なら買うよ」なんていうのは、〝これは買う気のないお客様だ〟ということで、その人には「9500円にしか下げられません」という返事を出す。そういうことが仕組みとしてできるようになっています。

これはどういうことかというと、今、洋服などは消化率が問題になっています。1万円で売りたいと思っているモノが、1万円で売れる比率は非常に少ないのです。5割あればいいところです。それで1万円から3割引いて7千円で残りを消化(売却)するというのが、業界でいう「消化率」なんです。それだったら、本当に買う気のある人に初めから2割引いて売ったら、完全にそれは売れるわけですよね。というようなことが可能になったら、これはものすごいビジネスチャンスになります。このようなことが、パーソナル化の一部として出てきます。

ビジネスのパーソナル化については、〝Sephora〟(セフォラ)という化粧品小売業では、たとえば、お客様の肌の色から「カラーIQ」を調べて、一番似合う色を見つけてくれるというようなサービスを行っています。その「カラーIQ」がスマートフォンに、あるいは店舗側のデータに入っているので、お客様はモバイル1本で、お店に行き、あるいはネットでいろいろな買い物をしたり、情報収集ができます。実際に、「この前の口紅は何色を買ったかしら。315番だったかしら」なんて聞かれても、普通は答えられないでしょうけれど、それがみんなデータに残っているわけですから、非常に親切と言えると思います。「ビューティ・インサイダー」という顧客ロイヤリティ・プログラムがあって、これもお客様の取り込みへの効果を上げています。

## 4 イノベーションのみが成功のカギ
### ——若者の起業が起こすアメリカの変革に学ぶ

起業ブームの立役者、それは革新者です。消費者の間には、満たされてない潜在的な欲求とかニーズがたくさんありますから、それに革新的な対応をするイノベータが、アメリカでは次々に誕生しています。2つの事例を紹介します。いずれもビジネス・スクールの学生による会社の事例ですが、ひとつはハーバードのMBA女子学生“Jennifer Hyman”(ジェニファー・ハイマン)さんが創業した“Rent the Runway”(レント・ザ・ランウェイ)の事例、もうひとつはペンシルベニア大学ウォートン・スクールで学ぶ学生“Neil Blumenthal”(ニール・ブルーメンソール)さんらが、「世の中にこんなものがあっていいはずだ」ということで始めた"Warby Parker"（ワービー・パーカー）の事例です。

## ファッションの花道をレントする――レント・ザ・ランウェイの事例

〝レント・ザ・ランウェイ〟という社名中の"Runway"（ランウェイ）というのは、ファッション・ショーでいう花道です。モデルが、しゃなりしゃなりと（身のこなしをしなやかにし、気取って）歩くあの道です。その〝レント・ザ・ランウェイ〟はドレスのレンタル・ビジネスですが、そのネーミングが素晴らしい。ドレスのレンタルというよりは、「シンデレラ体験」のレンタルです。「あなたがこれを着て花道を歩くのよ」と、まるでシンデレラになるような体験をレンタルするというのです。それが、創業者であるジェニファー・ハイマンさんのコンセプトです。

4日間のサイクルで、「最初の日は商品の移動、最後の日は返却、中2日間をフルに使ってください。洗濯も、保険料も、私どもが持ちます」ということで、たとえば"Nanette Lepore"（ナネットレポー）のデザインで、398ドルのものが、4日間だと65ドルで借りられます。その倍の8日間だと、少し割安になって104ドルです。

〝レント・ザ・ランウェイ〟では、レンタルしたモノの販売も始めました。これができたのが2年半ぐらい前です。検索ができるのが、サイズ、色、トレンド、ボディタイプ、オケージョン、袖、ネックラインの形などがあります。今のところドレスのほかに、ロレアルとコラボレートした化粧品や、アクセサリーなども扱っていますから、そういうものをトータルとしてレンタルすることができるようになっています。

すごいのは、ここではレンタルしたお客様による写真の共有に、ソーシャル・メディアを活用していることです。お客様に、「差しつかえないようでしたら、あなたの素敵な体験を載せていただけませんか？」と呼びかけて、写真をウェブ上にアップしてもらっているのです。同じドレスを着た、いろいろなお客さんの写真もアップされます。そのたくさんの写真を見れば、こんな着方もあるとか、そこからいろいろなことがわかります。ものすごい量の情報がありますよ。会員にならないと見られませんけど、会員になるのは無料ですから、興味のある方は、ぜひ会員になってください。

創業者のジェニファー・ハイマンさんは最近になって、「私たちのこのビジネスモデルは、単にレンタルというだけではなくて、ファッションの在庫を社会で持つようにするコンセプトだ」と主張しています。つまり1社とか、ひとりの個人が在庫を抱えて、「タンスいっぱいだわ、だけど着るものないわ」というように嘆いていないで、社会で共有したらどうかと提案しているのです。「社会の在庫になっていれば、みんなで貸し借りして、図書館の本を借りるみたいにできるじゃないの」ということを言いだしています。これは社会的に、エコロジー的にも、ものすごく重要なことです。私もこの主張に、賛成します。

## メガネのネット販売からオムニチャネル――ワービー・パーカーの事例

次に〝ワービー・パーカー〟の物語をご紹介しましょう。〝ワービー・パーカー〟というのは、メガネのネット販売の会社です。ニール・ブルーメンソールさんという、ウォートン・スクールのMBAの学生が、友達4人で立ち上げた会社です。その創業のきっかけは、友達がメガネをなくして、そのメガネを買い換えようとしたら700ドルかかるという現実に直面し「iPhone（アイフォーン）でももっと安く買えるのに、何でこんなシンプルなメガネが700ドルもするのか」という義憤に駆られて、徹底的にこのビジネスの仕組みを洗い上げたことが始まりだそうです。「ライセンス・ビジネスが氾濫している」とか、「デザインもたいしたことがないのに、高いライセンス料やデザイン料を払っている」とか、「流通が複雑だ」とかというような具合です。ファッション業界も、大いに見習うべき同様の問題があると思います。

この会社が最初につくったCMがYouTube（ユーチューブ）にもありますが、40秒ほどのCMです。中間業者をズタズタとはさみで切って、というような面白おかしいCMです。これが最初に彼らがデビューしたCMですが、SNSに限定して他の広告メディアは使用しないでビジネスを広めました。

そのビジネス・コンセプトは、「ブティック品質の、伝統工芸品的メガネを、革命的価格で売る」。要するに、良くつくられたメガネを革命的価格で売るということです。キッチンテーブルで創業して、1年目の販売目標を3週間で達成してしまったこともあり、しばらく在庫がなくて、お客様へ頭を下げどおしだったそうです。セールスの中心となるのは、95ドルの処方箋付き、つまり度入りのメガネのネット販売です。既存の仕組みにチャレンジして、

**写真 2-2　ニューヨークのSOHOに3月開店したWarby Parker旗艦店**

（写真撮影：尾原 蓉子）

5フレームを5日間無料で貸し出すお試しキットなどの工夫も施しました。自分の顔に合わせて、メガネを当ててみるサイトも用意しています。こういう手法も、ウォートンの学生ならではの良いアイディアだと思います。

それから、もっとすごいのは、「世界でメガネを買えない人が10億人いる。あなたがメガネ1つ買ったら、その人たちに1つわが社が寄付します」というようなキャンペーンを実施したことです。これは、まさしく素晴らしい社会貢献だと思います。

また、この会社のマーケティ

ングが、ユニークで非常に面白いんです。メガネですから、本を読むことに関係があるので、古いスクールバスを借りてきて、そのバスの中をお店にして、全米を回るとか、そういうようなこともやっています。さらに、ニューヨークのSOHOに、旗艦店を2013年4月にオープンしました。GAPを大きく育てた“Mickey Drexler”（ミッキー・ドレクスラー）という、大変な小売業のスーパースターがいますが、彼がニールさんらに「店は持ったほうがいいよ」とアドバイスしてくれたのだそうです。旗艦店のオープン後、彼女らは「やはりお店を持ってよかった。ネットだけではやれることは限られている」というようなことを言っていました。ただ、この旗艦店でも当然、デジタルをフルに使っているわけです。

実際のお店で、「EYE EXAMS」と書いてある、眼の検査をするところで、ちょうど飛行場のフライトボードみたいに、「何番の方は、お待ち時間何分」という表示が出ています。手前のカウンターでは、自社の歴史をビジュアルで見せています。これもまた非常に面白いのです。どんな会社もそのストーリー、会社がよって立つゆえんを語るというのが非常に重要になってきましたが、ここではそれを有効に実践しています。

## アメリカの若者起業家が立ち上げる「新ビジネス」の共通項に学ぶ

様々な新しい動きや、若者たちによる起業の事例を踏まえて、企業家の共通項に学ぶ新しいビジネスモデルのヒントを、私なりに7カ条にまとめてみました。

①社会の潜在ニーズへの照準
②「人の温かみ」のあるビジネス
③優れた創造性（コンセプト）
④ICTのフル活用
⑤高い目線と一流人材の起用
⑥直取引（中間業者なし、消費者へ直結）
⑦シンプルでフラットな組織（チームプレイ＞ヒエラルキー）

この中では、**⑤が一番重要**です。先ほどご紹介しました、学生が起業した2つの事例の人たちはいずれも、ものすごく優秀な人たちを友人関係という間柄により安い報酬などの条件でチームメンバーにして、フラットな組織となった会社をつくっています。みんな社会的に貢献することに燃えている人たちですから、「ギャラ（報酬）がいくらでないとやらない」というようなことを言い出す人は、仲間に呼ばないわけです。だから一流の人材がまさに手弁当でやるという体制となっています。それが、これからの起業の非常に重要なポイントだと思います。

それは、Flux Generation（フラックス・ジェネレーション）、つまり「流動する世代」を刺激して、理念に燃えた仕事をしてもらおうということなのかもしれません。この世代の人たちは、「現在のビジネスはカオス状態。しかしこれに対応する人間が成功する。変化を恐れず、変化を楽しむプロフェッショナル」です。そういう、フラックス・ジェネレーションと言われる人たちですが、ここで「世代」という言葉を使っていても年齢は関係ありません。実際に70才近い人、20才代の人、職業もマーケティングやＩＴの専門家から、そしてデザイナーというような、いろいろな人が並んでいるでしょう。こういう人たちがチームを組んで新しい事業を起こす。そういう時代が来たということです。

「未来は**既**にここにある。ただ、**全**ての人に均等に分配されていないだけだ」
The Future is already here. It's just not evenly distributed.

これは、ＳＦ作家"William Ford Gibson"（ウィリアム・ギブスン）の言葉ですが、グーグルの共同創業者"Jack Dorseyn"（ジック・ドーシー）の座右の銘でもあります。この言葉を、未来へ向けての私からのメッセージとしてお贈りして、今回は終わりにしたいと思います。どうもありがとうございました。

# 第３章　グローバル化時代のファッションを創る人々

藤田結子

現在、ファッション産業では大量のヒトとモノが国境を越えて移動しています。毎年、ファッション・ウィークの時期には、ニューヨークからパリへというように、何千人という製造事業者、デザイナー、バイヤー、記者・編集者などが移動しています。また、商品の生産は、たとえば企画は東京、生産は中国、展示はパリというように、国境を越えて行われています。このグローバル化が急速に進展し始めたのは１９８０年代だと言われていますが、その主要因として、インターネットなどのコミュニケーション技術の発達に加え、交通手段の発達と人の移動の活発化が指摘されています。そこで本章では、国境を越えて活動するファッション界の人々について見ていきたいと思います。

まず前半では、国際移動研究の観点から、日本人デザイナーについて考察します。国際移動研究とは、国境を越えて人が移動する現象について考察する研究分野であり、グローバリゼーションに関わる多様な社会現象がより顕著になった90年代頃から注目されるようになりました。ここでは、とくに日本のデザイナーがどのようにパリ、ニューヨーク、ロンドンへと国際移動を行っているのかについて考察します。そして後半では、ファッション・ビジネスの現場において、国境を越えて活動する日本のデザイナーを支えてきた齋藤統氏にお話を伺います。

## 1 国境を越える日本人デザイナー

### ファッションを学ぶ留学

80年代後半以降、グローバル化が急速に進み、家族呼び寄せ、国際結婚、留学生、駐在員、高度技術者など、国境を越えるヒトの移動が世界中で活発化しました。ファッションを学ぶために日本から海外の教育機関に留学する若者もこの頃から増加し始め、2000年代半ばにそのピークを迎えています。

日本国内でファッションを学べる有名な学校と言えば、文化服装学院を筆頭に、ドレスメーカー学院、バンタンデザイン研究所、エスモード、モード学園など数多くのファッション専門学校が存在します。とくに文化服装学院は、高田賢三氏、山本耀司氏、渡辺淳弥氏、高橋盾氏など世界的に有名なデザイナーを輩出しており、ファッション教育機関として高い評価を得ています。

他方、欧米諸国では、専門学校のみならず大学がファッションデザイナーを育成する教育機関として大きな役割を果たしています。たとえば、世界のファッションスクールのランキングでよく名前のあがる教育機関として、ロンドンのセントラル・セント・マーティンズ

(Central Saint Martins、以下、セント・マーティンズと表記)、ロンドン・カレッジ・オブ・ファッション (London College of Fashion)、ニューヨークのパーソンズ (Parsons The New School for Design)、ファッション工科大学 (Fashion Institute of Technology)、パリのクチュール組合学校 (Ecole de la Chambre Syndicale de la Couture Parisienne)、エスモード (Esmod)、ベルギーのアントワープ王立芸術学院 (The Royal Academy of Fine Arts Antwerp)、ミラノのマランゴーニ学院 (Istituto Marangoni)、フィレンツェのポリモーダ (Polimoda) などがあげられます。

上記教育機関のうち、イギリス、アメリカの教育機関は芸術系大学です。これらの大学にはファッションを専攻できるプログラムが組み込まれており、学士・修士・博士号を取得することが可能です。また、英語で学べることも、世界中から留学生を引きつける要因となっています。とくに、日本でファッション留学を希望する学生の間では、Alexander McQueen、John Galliano、Stella McCartney など、多数の有名デザイナーを輩出したセント・マーティンズの人気が高く、そこでは東京で活躍する新進気鋭の若手デザイナーたちが学んでいます（表3－1）。

イギリスの芸術系大学は、新しいコンセプトを考える力や創造性を伸ばす教育に力を入れており、セント・マーティンズも例外ではありません。ファッション科のＢＡコースは３年間（１年間のインターンを入れる場合は４年間）の学士課程で、リサーチ・デザイン、パターンづくり、実物制作、イラスト・プレゼンテーションなどのメイン・スタディが80%、リ

**表3-1　Central Saint Martinsの卒業生の一例**

| デザイナー | ブランド | 生年 | 留学前の出身校 | セント・マーティンズ卒業年 | 現在の拠点 |
|---|---|---|---|---|---|
| 吉田真実 | YAB-YUM | 1966 | 織田服飾デザイン専門学校 | 1988 | 東京 |
| 岸本若子 | ELEY KISHIMOTO | 1965 | 女子美術大学 | 1992 (fashion print) | ロンドン |
| 勝井北斗 | mintdesigns | 1973 | Parsons | 2000 (fashion print) | 東京 |
| 八木奈央 | | 1973 | 同志社大学 | 2000 (womens wear) | 東京 |
| 古舘郁 | commuun | 1976 | 文化服装学院 | 2002 | パリ |
| 大原由梨佳 | IN-PROCESS BY HALL OHARA | 1979 | バンタン | 2003 (womens wear) | 東京 |
| 玉井健太郎 | Aseedoncloud | 1980 | | 2004 (mens wear) | 東京 |
| 山縣良和 | writtenafterwards | 1980 | | 2005 (womens wear) | 東京 |
| 田中崇順 | divka | 1980 | 前橋高校 | 2006 (fashion print) | 東京 |
| 江角泰俊 | Yasutoshi Ezumi | 1981 | 宝塚造形芸術大学短期大学 | 2006 (textile) | 東京 |

サーチ、論文などのカルチュラル・スタディが20％の科目構成になっています。1年目、2年目から、授業を受けるというよりも実習が中心であり、毎学期概ね3、4つの課題（例「ニットウェア」「ジャケット」など）が出されます。1つの課題ごとに、2週間から1カ月程度でリサーチとデザイン、制作、プレゼンテーションをこなさなければいけません。[1] 留学経験者は次のように話しています。

「必ず最初にやるのは、リサーチブックです。スケッチブックにリサーチした資料を貼ったり、コラージュをした

1　鈴木由子「セントラル・セントマーチンズ美術大学における学びの現場より」『東京家政大学博物館紀要』第16集、2011年。

り、絵を描いたり、生地を編んでみたものを貼り付けたりします。自分でテーマを決めて、それに基づいてリサーチをして発展させるというプロセスをスケッチブック1冊全部に表します」

セント・マーティンズなどの有名校では、著名デザイナーを輩出したネットワークを通して、高級メゾンでインターンを見つけることも可能であり、デザイナー教育の場として非常に恵まれた環境を有しています。

このような海外の学校でファッションを学んだ日本出身の学生の進路には、主に、①在籍した教育機関がある都市を拠点に活動を続ける、②活動の場をパリへ移す、③現地で経験を積んだ後に日本へ帰国して活動を始める、というパターンが見られます。

## 「移住システム」――ファッション留学の斡旋機関

国際移動研究では、人々の国境を越える移動をサポートする社会機関やネットワークの総体を「移住システム」と呼びます。ファッションを学ぶために留学する人々の大半も、この「移住システム」に含まれる代理店や斡旋団体を通して海外へ渡っています。

具体的には、まず、専門学校の一部は海外留学プログラムを設置しています。生徒たちは日本で決められたコースを修了した後、欧米の提携校に通うことができます。たとえば文化服装学院には、イギリスのノッティンガムトレント大学、ロンドン・カレッジ・オブ・ファッションへの留学を支援しています。また、エスモード・ジャポンやモード学園にはパリ校があり、多数の学生を派遣しています。

また、公益財団法人神戸ファッション協会が主催する神戸ファッションコンテストが入賞者を海外に送り出してきました。１９９９年以降、このコンテストはノッティンガムトレント大学、パリ・クチュール組合学校、マランゴーニ学院などへの留学支援プログラムとして開催されており、送り出した留学生の数は90名に上っています。

これらはすでに日本の専門学校などでファッションを学んだ経験がある方が利用する経路ですが、海外で初めてファッションについて学ぶ、あるいは比較的経験の少ない方にも移住経路が用意されています。大学受験予備校で芸術留学のコースが開講されており、欧米の芸術系専門学校・大学への入学をサポートしています。その内容は、英会話やポートフォリオやエッセーの作成指導などです。たとえば日本外国語専門学校では、ロンドンにある芸術大学のスタッフを招き、講義や面接試験などを実施しています。また、中小の留学・旅行代理店で、「ファッション留学」が商品化されています。たとえば、ニューヨークの語学学校で英語を学びながら、同時にＦＩＴで修了証明書（certificate）を取得する留学プログラムなどが提供されています。

このように、日本から海外へファッション留学するための「移住システム」は十分に整備されていると言えるでしょう。

## 海外のファッション業界で働く

海外のファッション業界でデザイナーとして、あるいはデザイナーを志して働く場合、現地の会社や個人に雇用されて働く、現地で創業するなどのパターンがあります。そのためには、現地に長期滞在するか、移住することになります。その主な移住先はパリ、ニューヨーク、ロンドン、そしてミラノですが、ここではファッションの世界的中心地とされているパリを例に見ていきましょう。

パリで日本人が働く場合、現地の高級メゾンやアパレル企業に採用されてパタンナーやモデリストとして働くケースがよく見られます。それには2つの要因があります。第一に、パリのファッション産業では非正規雇用者が常に必要とされているからです。とくにファッション・ウィークの事前準備から開催時期まで、現地のファッション産業は繁忙期となります。この時期、服の生産を担当する部署は、正社員に加えて、多くの派遣社員やスタージュ（見習い）を雇い入れます。正社員として雇用されることは難しいけれども、非正規であれば雇用されやすくなります。たとえば、パリでパタンナーとして働くAさんは次のように話しています。

「（ファッションの専門学校を卒業したら）パタンナーさんとか縫い子さんとか、みんな派遣会社に入って、何カ月とか、忙しいときだけ呼ばれたりとかというのを繰り返しながら、空いたポストに入るみたいな感じになっています。……ひとつの会社に（日本人パタンナーは）１人は絶対いると聞きます」

第2に、このように常に求人がある状況のなか、日本人は「器用」、「技術が高い」という評価やイメージがあるために、パタンナーやモデリストとして採用されやすいそうです。たとえば、パリでデザイナーとして働くBさんは次のように説明しています。

「フランスのブランドのパタンナーはたいてい日本人ですね。日本のブランドと海外のブランドの違うところって、日本の場合、デザイナーさんがいて、次っていうのはパタンナーっていう職業じゃないですか。でもヨーロッパのブランドの場合、デザイナーがいて、次にモデリスト、その下にパタンナーがいます。モデリストというのは本当に形だけ、立体だけをつくって、それをパタンナーが平面に作図、製図として起こすっていう仕事になります。そういうパターンに起こすのは日本人のほうが器用だし、文句も言わずに残業もするっていうので、すごく重宝されています」

この話に見られるように、まず非正規雇用（スタージュや派遣）のパタンナーやモデリストとして現地のファッション界に入ることが多いようです。その後、経験を積んで正規雇用のモデリスト、パタンナーとなる人もいます。このような状況はニューヨークでも見られます。

技術職であるパタンナー、モデリストと比較すると、よりクリエイティヴな側面が強いとみなされているデザイナー、とくに大手メゾンのデザイン部門で働く日本人は大変少ないと言われています。厳しい競争を勝ち抜いて大手メゾンにデザイナーとして採用されることは、たとえフランス人でも難しく、日本出身のデザイナーにとっては非常に困難だと言えます。

数少ない例として、大手メゾンでキャリアを重ねてきたデザイナー・大森美希氏の経歴を見てみると、彼女は文化服装学院アパレルデザイン科卒業後、２０００年に渡仏し、スタジオ・ベルソーで1年間学びました。その後、Balenciaga、Lanvinでデザイナーとして採用され、２０１１年からは、Nina Ricciのデザイナーとして働いています。

最近ではアメリカ系中国人デザイナーの台頭がめざましく、とくにAlexander Wangは、２０１３－１４年秋冬からヨーロッパの高級ブランドであるBalenciagaのクリエイティヴ・ディレクターに29歳で就任しました。しかし、このようなフランス資本の大手メゾンはフランスやイギリスなどのヨーロッパか、アメリカの白人をクリエイティヴ・ディレクターに採用する傾向が強く、アジア系は比較的不利な立場にあると言えます。

企業で働く以外の選択肢としては、現地でのブランド創業があげられます。日本を離れてパリでブランドを創業したデザイナーの代表は、Kenzoの高田賢三氏です。彼は文化服装学院を卒業後、１９６５年に渡仏して以来、フランスを拠点として活動し続けています。また、１９７０年に渡仏して長年高田賢三氏の下でアシスタントを務めた入江末男氏も、後にIriéを創業しました。

しかし最近では、パリに渡り長期滞在する日本出身のデザイナーやファッション関係者は60〜70年代当時より増えているものの、ファッション業界や経済状況の変化により、若い世代の日本人デザイナーが現地で創業し、成功することは難しくなっています。一度ブランドを立ち上げても資金繰りがうまくいかず、新作の発表をやめざるを得ない若手デザイナーも少なくありません。

## 日本を拠点にファッション・ウィーク時に渡航

これまで長期滞在・移住型の国際移動について述べてきましたが、日本の多くのデザイナーは、日本を拠点としてファッション・ウィークのときに短期滞在するという形で海外に渡っています。世界中の様々な都市で、毎年2回、プレタポルテ（既製服）の新作発表イベント、すなわち「ファッション・ウィーク」が行われています。最も重要な都市は、パリ、ニューヨーク、ミラノ、ロンドンとされ、これらは4大ファッション・ウィークと呼ばれています（表3－2）。ニューヨーク、ロンドン、ミラノ、パリの順にそれぞれ約1週間に渡って開催され、世界中からデザイナー、バイヤー、記者・編集者などのファッション関係者が国境を越えて移動します。

この4つの都市は、ファッション業界では4大都市と言われていますが、国際移動研究ではニューヨーク、ロンドン、パリに加えて東京が「グローバル都市（global city）」と呼ばれ

**表 3-2　4 大都市と東京のファッション・ウィークの特徴**

| | 開始年 | 運営団体 | 参加ブランドの例（既製婦人服） | 特徴 |
|---|---|---|---|---|
| パリ | 1973年（オートクチュールは1910年頃） | パリ・クチュール組合、1868年設立、1911年改組　1973年にフランスオートクチュールプレタポルテ連合協会設立 | Hermès、Chanel, Louis Vuitton, Saint Laurent, Christian Dior, Céline, Lanvin, Balenciaga | クリエーション重視のブランドが多くショーに参加。ファッション界で最高の権威。世界中から多数のバイヤーやメディアが集まる。 |
| ニューヨーク | 1943年、1993年に改組 | アメリカファッションデザイナーズ協会（The Council of Fashion Designers of America、CFDA）、1962年設立 | Ralph Lauren、Donna Karan New York, Calvin Klein, Anna Sui, Alexander Wang | 女性が仕事で着られる実用的な服をつくるブランドが中心。新人や外国のデザイナーに開かれている。 |
| ミラノ | 1958年 | イタリアファッション協会 National Chamber of Italian Fashion（NCIF）、1958年設立 | Prada, Gucci, Giorgio Armani, Jil Sander, Dolce & Gabbana | デザイナーよりも企業が中心。若手の登場が難しく、大企業が生産する中高年向けのブランドが多い。 |
| ロンドン | 1984年 | イギリスファッション協会 The British Fashion Council（BFC）、1983年設立 | Burberry Prorsum, Mulberry, Christopher Kane | 上記３都市と比べて規模や質が劣る。若いデザイナーの発掘・支援の場として位置づけられている。 |
| 東京 | 1985年 | 東京ファッションデザイナー協議会（CFD）、1985年設立　現在は日本ファッション・ウィーク推進機構（JFWO） | mintdesigns, Hanae Mori, Yuki Torii, beautiful people, matohu | 若く実用的な服をつくるブランドが多い。上記４大FWと比べると、世界的な知名度が低く、訪れるバイヤーや記者も少ない。 |

ています。グローバル都市とは、社会学者サスキア・サッセンが提示した用語で、多国籍企業の中枢が存在し、金融・株取引、法務、イノベーション、通信・メディア等の世界的センター、加えてサービス・情報産業の被雇用者が多い都市を指します。東京は上記の3都市に匹敵する「グローバル都市」とされる一

方、ミラノはよりローカルな都市とされています。しかし、ファッション産業においては、東京よりもミラノのほうが、世界的に発信力のある都市だとみなされています。

ファッション・ウィークの期間、世界中の小売店はバイヤーを送って、展示会やショールームで商品の買い付けを行います。欧米の都市には世界への強い発信力を持つ店が存在し、パリではセレクトショップのColette、L'eclaireur、デパートのLe Bon Marche、ロンドンではHarvey Nichols、Selfridges、ニューヨークではBarneys New York、Saks Fifth Avenueなどがあげられます。これらの有名店に買い付けられ商品が置かれることによって、より多くの業界関係者の目に触れるようになります。同時に、有名店のバイヤーからお墨付きを与えられたことにもなり、他の店もこぞって買い付けるようになるようです。

ファッション・ブランドにとっては、パリやニューヨークでファッション・ショーを開催するには多額の資金が必要となるため、現地のファッション業界に参入する一番手軽で確実な方法は合同展示会に出展することです。合同展示会には、大量販売向けの展示会と、クリエーションを重視する展示会があります。後者はファッション・ウィークの時期に約４～５日間開催されます。しかし、この短い展示会の期間で多くのバイヤーに商品を見てもらい、買い付けてもらうことは難しく、１００を超えるブランドを売る展示会よりも、一定の評価のあるコレクションを集中して見るショールームは、バイヤーにとっては効率的です。各ショールームは自社のテイストにあったブランドを選び、バイヤーなどの顧客に紹介し、販売を担当します。[2] このような展示会やショールームへの参加を通して、多数のブランドが日本

2　日本貿易振興機構「欧州市場における販売の手引き」2008年５月。

からパリやニューヨークのファッション・ウィークに参加し、現地のファッション業界に参入しています。

## パリの覇権

4大都市のうち、とくにパリは世界中から多数のファッション関係者が集まる国際的なファッションの中心地となっています。国際移動研究では、多数の人々がある場所を目指して移動するのは、そこに「プル要因」があるからだと考えられます。パリの場合、その最大の「プル要因」はファッションの高度な制度化だと言えるでしょう。

このパリのファッション制度を明らかにした代表的な研究者として、本書の執筆者でもある川村由仁夜氏があげられます。川村氏は著書『パリの仕組み』（2004年）[3]の中で、パリにはクリエイティヴィティの評価に大きな影響力を持つ者が存在することを指摘しています。若手デザイナーは、そのような人々から「正統性」を承認されてはじめて、世界的に認められるデザイナーになることができるというのです。

つまり、パリで独自のブランドのデザイナーとして作品を発表したり、大手メゾンでデザイナーとして働いたりすることによって、デザイナーとしての地位を高めることができます。大手メディアの編集者・記者の目に留まりメディアで紹介されることがあれば、デザイナーとしてより象徴的な地位が高まります。さらに世界中から集まってくるバイヤーの目に留まれば、各国のセレクトショップやデパートに商品が置かれ、経済的な利益を増やすことも可

3　川村由仁夜『パリの仕組み』日本経済新聞社、2004年。より学術的な文献として、Kawamura, Yuniya, *The Japanese Revolution in Paris Fashion*, Oxford: Berg, 2004.

能になります。たとえば、パリで働くデザイナーCさんは次のように述べています。

「世界を対象にしたら、服のデザインの質から変わると思います。日本だけを対象にマーケティングして、ブランディングをしたらどうでしょう……。世界中で売っていくことを考えたときに、やはりパリという場所が、世界の展示会場みたいになっているんですね。とくにファッションにおいては、パリは世界の中心のような機能を持っています」

このように、パリは世界のファッションの中心地となっていることから、世界中から多くのデザイナーがパリを目指してやってきます。たとえば、2015年の秋冬ファッション・ウィークに公式参加してショーを行った日本のレディース・ブランドは、Issey Miyake, Comme des Garçons, Yohji Yamamoto, Junko Shimada, Junya Watanabe, Undercover, Tsumori Chisato, Sacai, Anrealage, Zuccaであり、日本を代表するデザイナーのブランドが名を連ねています。しかし、この中に現在パリを拠点としているデザイナーはいません。普段は東京や他の都市を拠点に活動し、ファッション・ウィークのときだけパリにやって来ます。事実、世界で高評価を得た日本のブランドの大多数は、デザイナーが日本で創業し、国内で固定客を獲得し、収益を安定させてから、日本を拠点にして海外に進出したブランドだと言えるでしょう（表3－3）。

**表３-３　日本人デザイナーとパリコレ初参加の年**

| パリコレ初参加年 | デザイナー、ブランド名 | 生年 | 出身校 | 拠点 |
|---|---|---|---|---|
| 1970 | 高田賢三 | 1939 | 文化服装学院 | パリ |
| 1973 | 三宅一生 | 1938 | 多摩美術大学 | 東京 |
| 1977 | 森英恵 | 1926 | 東京女子大学<br>ドレスメーカー学院 | 東京 |
| 1981 | 山本耀司 | 1943 | 慶應義塾大学<br>文化服装学院 | 東京 |
| 1981 | COMME des GARÇONS<br>（川久保玲） | 1942 | 慶應義塾大学 | 東京 |
| 1981 | 島田順子 | 1941 | ドレスメーカー学院 | 東京 |
| 1988 | ZUCCa<br>（小野塚秋良） | 1950 | ドレスメーカー学院 | 東京 |
| 1990 | 田山淳朗 | 1955 | 文化服装学院 | 東京 |
| 1993 | 渡辺淳弥 | 1961 | 文化服装学院 | 東京 |
| 1996 | Miki Mialy | 1960 | 大阪モード学園 | パリ |
| 1997 | 丸山敬太 | 1965 | 文化服装学院 | 東京 |
| 2002 | UNDERCOVER<br>（高橋盾） | 1969 | 文化服装学院 | 東京 |
| 2003 | 津森千里 | 1954 | 文化服装学院 | 東京 |
| 2006 | commuun<br>（堀海斗、古舘郁） | 1977<br>1976 | FIT（堀）文化服装学院、<br>セント・マーティンズ（古舘） | パリ |
| 2011 | sacai<br>（阿部千登勢） | 1965 | 名古屋ファッション専門学校 | 東京 |
| 2014 | Anrealage<br>（森永邦彦） | 1980 | 早稲田大学、<br>バンタンデザイン研究所 | 東京 |

（出所：川村由仁夜『パリの仕組み』p.26の表を基に加筆して作成）

## 東京から世界へ——東京ファッション・ウィークの意義

　では、パリやニューヨークを目指して、デザイナーが東京から出て行く「プッシュ要因」は何でしょうか。それは、川村氏が指摘するように、ファッションの流行を生み出し、デザイナーの評価を高めて世界中にその名を普及させるという点において、東京はパリのファッションシステムが持つほどの構造的な強みと有効性を持っていないことにあります(Kawamura 2004)。したがって、世界を舞台に活躍したい、あるいは自分の作品を発表して評価されたいと願うデザイナーは日本を出て、長期あるいは短期の間パリに滞在して活動するのです。

　２０１５年現在、東京のファッション・ウィークは、日本ファッション・ウィーク推進機構（ＪＦＷＯ）が主催し、毎年3月と10月に開催されています。２０１１年3月から、メルセデス・ベンツがタイトルスポンサーとなり、40～50程度のブランドが公式参加しています。しかし、パリやニューヨークなどと比較して海外からやって来るバイヤーや記者・編集者の数は少ないのです。歴史や知名度、制度上の弱さに加えて、開催の日程がパリの後になるうえに期間が長い、ショーや展示会の場所が離れている、という点が海外や地方から人を呼び込む障害になっていると繰り返し指摘されてきました。

　それでも、東京ファッション・ウィークには意義があります。そのひとつとして、若手デザイナーにとってステップアップの場となっていることがあげられます。実際、東京ファッション・ウィークの第一のスローガンには、「世界に向けた新人デザイナーの登竜門に」ということが掲げられています。

東京ファッション・ウィークで注目を浴びている若手デザイナーの江角泰俊氏は、セント・マーティンズを卒業した後、帰国して自らのブランドYasutoshi Ezumiを立ち上げました。JFWOが主催する第3回新米クリエーターズ・プロジェクトに選出されサポートを受け、2011秋冬より東京ファッション・ウィークで発表を開始しています。筆者とのインタビューで江角氏は次のように述べています。

「(ショーをやったことによって反響は）いろいろありました。プレスに知ってもらえたり、バイヤーに知ってもらえたり。少しずつ名前が売れ始めるきっかけになったので、その当時の僕にとってはステップアップの大きな一因になったと思います。……ファッションと言えば以前から東京コレクションというのはあったと思うのですが、今は多様化しています。ファッションをやっている人が、東京コレクションを目指すのか、ガールズコレクションを目指すのか、その目的によって違ってきます。……そういう意味で、東京コレクションは多様化している中のひとつになっているという感じはします。でも、やっぱりモードを目指すのであれば、東京コレクションです。5大ファッション・ウィークの端といえどもファッション・ウィークであるし、世界への配信力もありますから」

今後、江角氏がニューヨークやパリへと一層活躍の場を広げていくうえで、東京ファッシ

写真3-1　Yasutoshi Ezumi 2015春夏コレクション

©Ri Design.Ltd

ョン・ウィークは重要な起点としての役割を果たすと言えるでしょう。このように、東京ファッション・ウィークは、日本国内に拠点を持とうとする若手デザイナーに対し、日本の、ひいては世界のファッション市場に参入する足掛かりを与えるという点において機能しています。

さらに、ファッション・ショーは基本的にはファッション業界で働く人々が入ることのできるイベントですが、東京ファッション・ウィークでは、個人客や学生なども入りやすいショーが少なからず開催されています。学生にとっては、ショーの現場に触れることによって、ファッションの世界への知識や関心を深めることができます。つまり、東京ファッション・ウィークは重要な学びの場としても機能しているのです。ファッションに関心のある学生の皆さんには、ぜひファッション・ウィークに会場へ足を運んでほしいと思います。

世界中からパリへとファッション関係者が移動する理由は、その構造的な強みに起因していると指摘されています。そうであれば、東京ファッション・ウィークにとっても、その制度化が鍵になると言えるでしょう。東京のファッションシステム全体をより高度に制度化していくことによって、東京から海外への移動だけでなく、海外から東京への移動もより増えていくのではないでしょうか。

では次に、長年パリと東京のファッションの現場で、日本のデザイナーを支えてきた齋藤統氏にお話を伺います。とくに、どのようにして日本とフランスという二国をつないでファッション・ビジネスを行ってきたのか、どのようにすれば日本の若手デザイナーはパリに進出できるのか、という点について詳しく聞きます。

## 2 齋藤統 氏に聞く

### 留学からファッション・ビジネスの世界へ

**Q**：フランスでは、どのように大学時代を過ごされましたか。今、留学をする学生には、うまくいかずに早く帰りたいという人もいます。

**齋藤**：まずフランスに限って言えば、大学に入るのは基本的に簡単です。ただ授業に付いていくのが大変でした。言葉の問題というのは、もちろんありましたし、一生懸命勉強をした時期でもありました。フランス語の勉強にもなったし、フランスの大学で僕は経営経済学科を専攻したのですが、授業に付いていくのは本当に大変でした。

友達をいっぱいつくって一生懸命教えてもらいました。仲のよい友達がいて夜遅くまで家に来て説明してくれたりしたので、そういう意味では助かりました。やはり海外での生活の中で大事なのは「日本人とつるまない」ということです。たとえば、フランス語ならフランス語をベースに話すことのできる友達をつくることです。それは僕の場合、変な話なのですが、一番初めにできた友達はアフリカ人でした。アフリカ人の中には他の国の人と同様に、大学まで来るレベルになると優秀な人たちがいます。彼らも美しいフランス語を話すので、フランス語を教えてもらい、かつ勉強も教えてもらいました。そのような友達が何人かいてくれて、そのうちだんだん白人の友達もできてきて、週末は何かあると彼等の家へ呼ばれたりしました。

**齋藤統 氏 プロフィール**

1949年東京生まれ。1973年リヨン大学留学のため渡仏。1980年山本耀司氏のワイズ社パリ拠点として、Yohji Europe社を設立し社長に就任。1997年Joseph Japon社社長に就任。日本進出総責任者として、全国の百貨店を中心にブランドを展開。2007年Issey Miyake Europe社社長に就任。2008年フランス政府より教育、文化普及に貢献した人物に与えられるフランス芸術文化勲章を授与された。

**Q**：重要な仕事に就くうえで、きっかけがいろいろあったかと思います。齋藤さんはどういうきっかけ、心がけによってキャリアを築いたのですか。

**齋藤**：チャンスはいつでも降ってくるけど、口を開けて上を向いていたら降ってくるものではありません。自分からそういうチャンスというのはどこにあるのかというのを、いつもウォッチしている生活をしていました。

ですから、常にいろいろな人との話、人との付き合いを大事にします。性別も年齢も関係なく、誰とでも同じように付き合っていくということがすごく大事でしょう。とくに日本は上下関係とか、些細なことですごく威張ってしまう人とかいるけど、向こうは日本ほど年齢差を気にしません。たとえば、私のフランス人の友達には、20代の人もいるし、80代の人もいます。フランスはそれができる国なので、そういう中にいて、やはりキャッチアップするタイミングが多かったのです。

そういう人間から信頼関係を得て、彼らからも「お前みたいな変な奴はこういうことができないか」といろいろ声がかかりました。自分がフランス人になったとは思っていないし、フランス人になれるとは思っていません。けれども、少なくとも友達からは、ダブルカルチャーというか、ビジネスの面においてそういうふうには理解をされているので、チャンスが降ってくる機会も多かったのだと思います。

それをキャッチアップしたら自分なりに考えます。一番大事なのは多分おカネではない。若い頃に、どんどんチャレンジしていってみると、何かそこからひとつ生まれてくるというのはいっぱいありました。自分の過去において、初めからおカネが付いてきたことというのはまずないです。

**Q**：リスクがあっても始めてしまうのですか。

**齋藤**：始めてしまいます。それはフランス人でも日本人でもやはりおカネがほしいというのはわかるのですが、おカネが先にいってしまうと……。もちろん仕事をすることによる対価でおカネがあるということはわかります。その関係があって50：50であることは当然だと思います。でもおカネだけを求めていってしまうと生活のための仕事になってしまうので、それは避けたいというのがありました。

自分を少しでも磨いていきたい。だから、私は周りのみんなによく言っています。すごく変な言い方ですが、「助平であれ」と言うのです。「助平であれ」というのは何にでも好奇心を持てということです。ひとつのことをある程度やっていくと、そこからそれを軸にしていろいろなところに広がっていきます。

ですから「ファッションばか」でいたら終わりです。失礼だとは思いますが、日本はとくにそういう人が多いですね。

**Q**：ファッションだけ好きではいけない。他の周りのことにも興味を持つべきということですね。

**齋藤**：デザイナーだって生地を追求していけば、今の新しいサイエンスが必要になってくる。それをどういち早くキャッチアップして、自分の洋服というものに取り込むのかという作業が必要です。同時に、われわれビジネスマンも世の中の動き、いろいろなところに興味を持っていないとダメだと思います。だから、ものを読むこと。もちろんテレビとかインターネットの情報は自然に入ってきますけど、知識を付けるためには、ものを読むというのは大事です。

## パリのファッション界と日本人

**Q**：パリのファッション界で働くうえで、日本人であるがゆえに生じたメリットやデメリットはありましたか。

**齋藤**：日本人であるというデメリットというのは、ファッション界では幸いに感じたことはないです。多分、ファッションの世界では、その辺は非常にオープンマインドであって、「日本人はダメ」みたいなものはありませんでした。

それはYohjiが初めて製品を発表したときも、もちろんジャポニスクとか、黒のショックとか、それからプアルック、ボロボロルックとか、引き裂かれた洋服のルックとかという言葉で随分悪く言われたことはありました。そういう意味では、デザイナーに対しては日本人という意識があったと思います。「日本人にヨーロッパのファッションがわかるか」というようにね。

でも、実際、商売をしている中で「お前が日本人だから」「山本耀司が日本人だから」という評価は受けませんでした。あくまでもデザイナー山本耀司個人がどうかということで評価を受けて、それに対して何か言われたことはあるし、こちらもそういう言い方をしていました。けれども、それ以外は日本人であることでのマイナスというのは、あまり感じたことがありません。

**Q**：齋藤さんはパリのファッション界で、「フランス人らしい」と言われますか。

**齋藤**：言われます。でもそう言われると、「俺は日本人だ」と言っています。でも、ビジネスをするときはフランス語を使うほうが楽です。日本語のほうが難しいと思います。日本でビジネスをしたことはあるけど、言葉やシステムがわからなくて大変でした。

フランスでも僕のことを「オサム」と呼べない人が多くて、「ムッシュサイトウ」と言われることは多いし、vouvoyer（フランス語で、お互いまだ相手をよく知らない時の呼び方）になってしまうケースはあります。それは相手の問題で、それを無理に直させても仕方がないのです。

**Q**：80年代にYohjiやIsseyが世界的に成功した要因と、その後の日本人デザイナーがそこまでうまくいかない理由というのは、何だと思われますか。

**齋藤**：まずは1970年代から80年代にかけて、ファッション界全体が日本でもフランスでも大きく動いた時代です。とくに今、映画でもやっていますけど、たとえばYves Saint Laurentとか、Claude Montana、Thierry Mugler、Sonia Rykiel、もちろんPierre Cardin、Ungaroとかがフランスのファッションを盛り上げていって、次にどこへ行くのだろう、という時代でした。1976年、1977年はフランスのプレタポルテ業界というのが頂点に達してた時期でした。

その後に次にどういうところに行ったらよいのだろうと模索しているときに、多分、山本耀司さんも川久保玲さんもあえて狙ったわけではないと思いますが、そこに彼らが参入したのです。そこで作品を発表したのが黒のショックでした。

それ以前に黒のフォーマルの服を発表したのがYves Saint Laurentで、そのときに初めて黒という色を洋服の中に取り入れたのです。その後、黒というのは使われていませんでした。黒というのは本来お葬式ぐらいしか着ない色だったからでしょう。そこに、黒のショックと言われるように、黒を普段着に取り入れていった。また、ダブダブなオーバーサイズなデザインで持っていったのですが、その点も新しいものでした。さらに、それまでパリのファッションは構造的にモノをつくっていました。そこに、左右非対象とか、脱構造、要するにデフォルメというのを持っていった。それが、川久保玲さんと山本耀司さんです。まだマーケットで一般のコンシューマーもおカネがあったし、そういう新しいものに興味を持っていた人たちがまだ多かったということもあると思います。

プレタポルテというのは１９６０年の後半からずっと出てくるわけですから、そういう中でファッションに興味を持っている人はまだまだ世の中にたくさんいました。新しいものが出てきて、耀司さんとか川久保さんが80年から85年の間に受け入れられていって、現在のようになってきました。残念なことに、今はそういう背景がないのです。

## 変化するファッション業界

**齋藤：**結局ファッションでも何でも、嗜好品はマーケットがなかったらダメなのです。芸術、アート関係は全部そうです。アクセサリーもそうだし、そういうマーケットが今ものすごく衰退していると思うのです。逆に超デラックスは今あっても、普通のデラックスを買える人がいなくなってしまいました。それができるのは、今は中国ぐらいでしょう。

**Q**：それは関心とおカネの両方の側面でしょうか。

**齋藤**：両方だと思います。「ビジネスマンが、あまりにもビジネス感覚でファッション界に入ってくると、クリエーションというのはなくなってしまうだろう」と言ったデザイナーが十数年前にいましたが、まさにその通りになりました。

要するに、何を一番優先するのかというと、デザイナーはやはりデザインとかクリエイティヴなものを前面に押し出そうとします。でも、ビジネスというのは、まずおカネありきできてしまうから、おカネとモノのバランスが崩れてしまいます。それが１９９２、93年から起こってきて、その結果、俗に言うデザイナーブランドがだんだん衰退していったのです。マーケットがなくなったと同時に、H&MとかZARAとかが出てきました。

**Q**：H&MやZARAがフランスに来たのはいつぐらいですか。

**齋藤**：90年の頭ぐらいだと思います。結構前です。それからもう1つは、昔はサンチェ(Sentier)と言った、みんながちょっとバカにするブランド、要するにコピー用品をいっぱいつくるブランドがあります。そういうのがだんだん1つのブランドとしてものを言いだすようになりました。昔はサンチェと言って完全に一線を引かれていたブランドが、少しずつですがファッション界に入ってきました。もちろん、クチュール協会には入れないけれど、彼ら自身も独自にそのショーを始めたりしています。H&Mもショーをやりました。そういうふうにして、それまでは区別がはっきりしていたものの、今はその境界線がなくなってしまった。これは非常に大きなことです。

たとえば昔は、Yohji YamamotoやComme des Garçonsのデザイナーの服がほしくて一生懸命アルバイトをして、取り置きをして買っていく学生さんがいたけれど、今はそういったマーケットがなくなってしまいました。興味の対象が薄れたのか、それとも洋服に対する意識が薄れたのか、これはもう1つの流れなので明快な答えはありません。私の考えでは、「デザイナーと洋服を通して対話をしよう」というような考え方というのはなくなっていると思います。

**Q**：格差が開いて一部の人しか買えなくなって、中間層が減ってきたのですね。

**齋藤**：どんどん。結局、こういう業界の狙っているところのマーケットと言ったら、上のほうでしょう。極端に言うと、洋服に関してはオートクチュールがあって、クリエイターがあって、ハイファッションがあって、それから俗に言うアパレル産業と言われている大量生産。そういうふうになっていくと4段階から5段階に分かれて、以前はそれらが明快に分かれていました。今はそれが分かれていないので、結局下がどんどん広がっています。ユニクロをファッション・ブランドとして入れてよいかどうか個人的には悩むのですが、非常にクオリティーが高くてよいモノも出て来ていますね。

## 日本の若手デザイナーが世界に進出するには

**齋藤**：たとえば、Yohji YamamotoやIssey Miyakeで働いているデザイナー達というのは、生地だとかある程度つくり放題というところがあって、ちょっとした小物や付属品も好きなようにつくることができます。でも、若手のデザイナーは皆、よいボタンを使いたくても買えないし、よい生地をつくりたくてもなかなかできない。または、協力してもらってただでやってもらうなど、全然やり方が違うのです。

だから、日本ではそういう若い人たちがなかなか伸びにくい状況にあると思いますし、そういうことを許す社会と許さない社会があります。たとえば、僕が急に生地屋さんに行って「この生地ください」と言っても「あなた、誰？」と言われるでしょうし、それは仕方ないことです。前から知っているなじみの人であれば、そういう関係によって「ＯＫ」と了解が得られることは必ずあります。やはり、ブランドなどの看板をみんな背負っているわけですから。

今回から天津憂さんが森英恵さんのブランドを引き継いでコレクションを発表しました。フランス等で若いデザイナーが恵まれているのは、フランスにはこういう、ブランドを引き継ぐシステムがあって、たとえば、DiorもChanelもCélineもそうです。これらの高級メゾンのように、世界に輝いていた日本のブランドに日本人の若いデザイナーが後継者として引き継いでやっていく、そういったことを日本でひとつのブランドでもできたのはとてもよかったという気がします。Givenchyもそうですけど、有名になったデザイナーは早く退いて、力のある若い人を入れていく。森英恵さんはすごい判断をしたと思います。もっともっと力のある日本の若いデザイナーに、日本の有名ブランドのデザイナーになれるチャンスを与えることが必要でしょう。

**Q：**今は、若いデザイナーにとって、80年代の「御三家」のように自分のブランドで成功するというよりも、既存のブランドの後任を目指したほうがより現実的という感じなのでしょうか。

**齋藤：**そのほうがリアリティはあります。やはり「御三家」とも非常に恵まれていたというのは、日本で経済的な背景があったからです。DCブランドブームがあってすごく売れたから、そういうことができました。今はそれがない。この間もAnrealageのデザイナーの森永君が、日本人で2年半ぶりにパリのファッション・ウィークに公式参加し、ショーを開催しました。しかし、それを続けていくにはかなり周りの助けがないと難しいでしょう。そういう意味でUndercoverも一時はイケイケドンドンであったけど、途中ダメになったりしました。ある程度地盤ができるまでの、経済的な安定がなかなか実現しないですね。その辺でやはり問題があるでしょう。

**Q：**日本である程度ビジネスを確立してから海外へ行ったほうがよいのでしょうか。

**齋藤：**それはそうです。海外に行ったら必ず失敗するとは言わないけど、初めはおカネが掛かります。日本人の悪い癖というのは、海外にいる日本人には結構いい加減な人が多いのに、日本から来る人は結構そういう人と組むケースが多いのです。そういった例をたくさん見てきました。日本人が日本人によって成功できないようなケースです。もちろん、すべての日本人がそうだというのではありませんが、まずは日本人にも気をつける必要があるようです。海外在住の日本人と話しをしていると、先ほどのケースはパリに限ったことではなく、ニューヨークにもロンドンにもミラノにも他の国々でも見られることのようです。

**Q**：よくわからないから、相手を間違えてしまう。デザイナーというよりも、ある意味ビジネス面の人材が不足しているのでしょうか。

**齋藤**：絶対不足していると思います。とくに日本人には。

**Q**：二国間を橋渡しできるという人が少ないのですね。

**齋藤**：言葉も大事だけど、やはりビジネスセンスみたいなものは必要です。あと日本人の人が訳しているのを聞いていていつも思うのですが、訳に余計なことを言いすぎるのです。コーディネーターさんというのは本当にいっぱいいるし、嫌な言い方をすると適当にフランス語を話せる人も、適当に英語を話せる人というのはどこにでもいます。でも適当では、ビジネスはできません。

**Q**：日本の若手デザイナーのブランドがフランスの展示会でオーダーを取るにはどうすればよいのでしょうか。

**齋藤**：まずは基本的に日本のブランドは海外に行って、卸で売るのは無理だと思います。なぜならば、単純にプロパー価格がだいだい2倍になってしまうからです。感覚として1ユーロは100円です。ということは、100ユーロというのはヨーロッパのバイヤーにとって1万円の感覚です。これはレートとは関係ないことです。たとえばパンの値段とか珈琲代とか、そういう毎日の生活の中での感覚が、1ユーロ＝100円＝1ドルとなります。1とか10とかという世界中が基本的には十進法なのです。そうすると、そのときにIsseyのブランドのプロパーが日本で800ユーロ、向こうに行って1600ユーロというのはやはり違います。8万円と16万円では全然違うでしょう。「え？」となるでしょう。その違いをわからなくて、日本の価格からずっとFOBだの何だと付けていくと、とんでもない値段になります。

そのようなことを本当はちゃんと若いデザイナーに指導してあげる人が必要なのです。でも指導しても、彼らはある程度自分たちのオリジナルのものをつくったりするから結局高くなります。そこら辺の問屋さんから生地を買ってきて服をつくっているならよいけれど、そうじゃない。ですから、卸という方法はもう難しいのではないか、という思いが僕の中にはあります。

**Q**：他には何か方法はありますか。

**齋藤**：やはり直接売ることを考えることしかないでしょうね。だけど直接お店を持つというのは大変なことですから、そこをどう援助できるかというのが、今、大きな僕自身の課題になっています。

価格も問題だし、日本人のブランドは結構サイズの問題が多いのです。もう1つ突き詰めていくと、日本に海外向けの体の洋服のパターンをつくる人がすでに少ないのです。僕は日本人としては結構鳩胸なので、向こうの服がピッタリ合います。日本の服はどうかと言うと、ピンピンで全然ボタンが閉まらなかったりします。ある日本のメンズのデザイナーですが、前身頃《まえみごろ》（衣服の身頃のうち、前の部分）のこの辺のところをどうすればよいとか、アームをどういうふうに落としていったらいいとか説明をしたことがあります。ボタンを閉めていて、体を開いたときや、何かでぐっと力を入れたりしたときにボタンが取れて飛んでしまうのです。これについて、いくら説明しても、そのデザイナーが使っているパタンナーがわかってくれませんでした。

**Q**：それは、日本の国内にそういうようなことを教える仕組みがなくて、パリに出て行って初めてうまくいかないというのがわかって、「どうしよう」とあわてるのですか。

**齋藤**：そうです。モノはつくったけれど、「でもどうしたらいいんだ」となってしまいます。

**Q**：日本のデザイナーがパリで人気を得るためには、「日本らしさ」を出していくべきでしょうか。

**齋藤**：「日本らしさ」というのは、別に着物だとか、そういうことではなくて、山本耀司とか川久保玲系のデザインだとみなされています。ですから、そういう意味でUndercoverとか、この間海外へ出ていったAnrealageはそういう流れを受け継いでいる服です。あのようなアバンギャルド系な動きの服が日本だと思われています。

**Q：**だとしますと、日本の若いデザイナーが海外に出ていく場合は、そのような系統のブランドのほうが売りやすいということですか。

**齋藤：**それが先ほどお話ししたように、卸をすることによる問題が出てきます。バイヤーさんは、お客さんの好みを理解しているつもりで服を買っていくわけですが、お客さんが、「もう、この服いいわ（必要ない）」ということもあり得るわけです。お客さんは心変わりをします。今のお客さんの傾向は、バイヤーさんのセレクトよりも自分が着たい服を選びます。お客さんというのは浮気をするわけです。たとえば、あちらのブランドのほうがよいモノを売っているとなれば、お客さんはあちらに行ってしまうわけです。そういうときにバイヤーさんは、クリエイティヴィティという点ではなくて、売れるか、売れないかという点で判断してしまうわけです。私に言わせると、そこに大きな問題が出てきます。それを防ぐ意味でも、「直売り」というシステムを新しく考えていこうという方向に今なっています。

日本の若手のデザイナーの服には、海外でも非常に受け入れられやすいものがあると思います。ただ、展示会場に行って思ったのですが、やはり価格が少し高いのではないかと心配です。海外で生産するようなことが可能なのかどうか、それをするにはどうしたらいいのか、レベルの高いニットになると、やはり生産はイタリアになりますが、イタリアでの生産にはとても注意が必要です。納期遅れとか当たり前ですから。結局、イタリアでも有名なブランドから納めていきますから、それこそ、Versaceだとか、Armani、Dior、Chanel、Hermèsとか、そういう有名ブランドからの注文にはさっと迅速に対応しますけど、われわれみたいな日本のブランドの注文は後々と納期を遅くされてしまうのです。そういった仕組みをつくったほうがよいということでしょうか。

**Q**：若いデザイナーはそういうことを自分ではできないから、そういった仕組みをつくったほうがよいということでしょうか。

**齋藤**：日本のブランドが海外に出るときにあたって、あらゆることでリサーチが不十分だと思います。サイズや価格を含めたことを言い続けて最近面倒になって言うのが嫌になってしまったのですが、「まずフランスに見に行きなさい」と若いデザイナーには助言しています。それで百貨店、専門店、それからスーパーマーケットも含めて見てほしいと思います。デザイナーには「自分のつくっている服がこのレベルだろう」というのがあります。彼ら彼女らには「そのレベルの中での価格を調べてきなさい」と私は言うのです。パンツ1本いくらで売っているのか、スカート1枚いくらで売っているのか、ジャケット1枚いくらで売っているのか、そういうものをちゃんと調べて、その中で自分の価格がどういうふうにはまっていくのかということです。

**Q**：どこがライバルになるのかを事前に調べるということですね。

**齋藤**：そういうところで、どう競合できるかを調べないといけません。だけど、日本のデザイナーは往々にして「Diorの生地と同じ生地を使っています」などと言います。でも悪いけど、たとえば、Diorと無名のブランドでは全然差があります。Diorというのはブランディングされているわけですから、Diorと聞いたらみんなも「ああ、よいモノだ」となるし、もう一方のほうは「誰でしょうね？」となるのは当たり前です。

日本から持っていくと、通常価格が2倍になってしまうので、もういくらDiorと同じ生地を使っていても難しいのです。確かにDiorとか、Louis Vuittonは日本の生地をいっぱい使っていますから、それはそれでよいのです。悪いとは言いませんけど、でも結果として、Diorに太刀打ちできません。残念ながら、正直に言って、DiorやChanelに日本で太刀打ちできる人は今いないでしょう。

## 学ぶことの重要性

**Q：**今、若いブランドや中堅ブランドがパリに行って、現地のファッション界の人々とコミュニケーションをうまくできる人材という人は少ないのでしょうか。

**齋藤：**あまりいないでしょう。私もMarcel Marongiuというデザイナーのブランドで10年ほど社長をやらせてもらいましたけれど、Marcelと二人三脚でやっていて、いろいろと勉強にもなったし、随分彼ともぶつかりました。そういう中でビジネスを行ううえでの責任者としての仕事というのは大変でした。デザイナーとはケンカしながら、お客さんとは笑いながら、というように。そういう世界で、日本人はコミュニケーションを苦手としているのではないでしょうか。そういったコミュニケーション力は向こうの人は元来持っているものなのです。

**Q：**小さい頃からそういう教育をされているからでしょうか。

**齋藤**：小学校のときから発表をさせられたりしています。やはり小学校からもそういう教育をしないとダメで、急に大学に入ってそれをやっても無理だと思います。フランスはその点ではすごいです。これは大学だけでできることではないですね。

**Q**：大学のときにこういう勉強をしておいてよかった、ということがありましたら教えてください。

**齋藤**：大学生のとき、僕は心理学科にいて心理学を専門にやっていたのですが、同時に簿記を履修していました。簿記学級に通って、簿記の3級か2級の、上から2番目ぐらいまで履修していました。フランスに行って経営側の立場になったときに、簿記は最低限必要なことです。おカネがどう入ってどう出ていくかというデータが入ってくるだけの話だけど、やはり簿記の考え方は基本的には世界中どこでも同じです。基本的にはインとアウトがあって、それをどうするかということが簿記だから、そういう意味でそれを学んだことがすごく役に立ちました。フランス語も並行して勉強しました。大学でもフランスの授業を受けていましたけど、自分で別に語学学校にも通ったのです。だから、大学とフランス語と簿記の3つの学校に通学していたのです。

いつも思うのですが、学生のときは遊ぶのもよいけれど、やはりいろいろなことを学べる最高の時期ですから、いろいろなことをやれるうちにやっておいたほうがよいのではないでしょうか。それが私の意見です。

# 第2部　ラグジュリー・ブランドの伝統と革新

# 第４章　ラグジュリー・ブランドとファッション・ブロガーたち

ガシュシャ・クレッツ

## 1 ラグジュリー・ブランドとは

本日はラグジュリー・ブランドについて、そしてラグジュリー・ブランドとファッション・ブロガーとの関係性についてお話しさせていただきます。まずは「ラグジュリー」とは何かについて述べたいと思います。「ラグジュリーの意味」、そして「真のラグジュリー・ブランドとは何か」をここで今一度見なおしてみるのは大事なことかと思います。

### ラグジュリーの決め手「ハンドメイド」

まず、第一のポイントは、ハンドメイドです。これはラグジュリー業界において非常に重要な要素です。「ハンドメイド」とは何でしょうか？　ハンドメイドとは、製品を、あるいは製品の少なくとも半分から3分の2程度を手作業によってつくり上げることを意味します。ラグジュリー業界においてはこの点が、ラグジュリーな製品であるための重要な条件となります。

ハンドメイドには人による手作業が欠かせないため、職人と呼ばれる人々が必要となります。ラグジュリー業界では職人の技が極めて重要となってまいります。たとえば最高級時計をつくり出す職人や、ガラス吹き職人、つまりクリスタルガラスのつくり手などです。その作業は精緻を極めます。こうした職人の方々はラグジュリー業界において非常に重宝されるのですが、それは育成に非常に長い年月がかかるからです。優れた製品を生み出せるようになるまでに、少なくとも10年から15年は必要と言われています。多くのラグジュリー企業にとって、職人は主要な財産なのです。

当然ながら、優れた職人と匠の技のあるところには、優れたノウハウとスキルが息づいています。例として、フランスの高級ジュエリーブランド・ヴァンクリーフ＆アーペルを取り上げたいと思います。ヴァンクリーフ＆アーペルは、とても有名かつ高

**写真 5 - 1　ハンドメイド**

**写真 5 - 2　講演前のガシュシャ・クレッツ氏**

価なブランドですよね。同社の「ミステリー・セッティング」という技法は、ゴールドの爪が見えないように宝石を取りつけるというものです。これは極めて精緻な技法で、習得には工房で最低でも10年から15年の修行が必要とされる、熟練の宝石職人だけが操れる技です。それから、スイスの有名ブランド、ジャガー・ルクルトの時計ですが、その内部は非常に入り組んでおり、時計が正確に時を刻むうえで必要な石や宝石、金属がたくさん並んでいます。これも同様に、大変精緻な技術です。

## 偉大な伝統が偉大なラグジュリー・ブランドをつくる

ラグジュリーとはまた、偉大な過去を備えていると言えます。ラグジュリーの規範を守り続けてきた偉大な歴史、過去を未来へと受け継いできた歴史、そういった伝統が、偉大なラグジュリー・ブランドを形づくるのです。偉大な過去があれば、当然ながら伝統が生まれます。この伝統が、私たちに何らかの思いを抱かせます。ある程度同じイメージが想起されるのですね。たとえば、シャネルはラグジュリーの象徴であり、ラグジュリー・マネジメントのベストプラクティスであると思います。このように、偉大な伝統があるところには、偉大なラグジュリー・ブランドがあるのです。キャリーバッグ、誰もが知るシャネル２・５５、そしてシャネル№・５というように、伝統はラグジュリー業界における大切な要（かなめ）なのです。

伝統と歴史があるということは、すなわち時間がとても大切だということです。製品を生み出すには、相当な時間が費やされています。私たちはラグジュアリー製品を買うとき、職人がそのジュエリーに、バッグに、そして服に注ぎ込んだ時間をも買っているのです。製品に注ぎ込まれた、人間の才能と時間という、とても贅沢なものを。さらに、企業の時間も買っていることになります。私の知る限り、最高級のラグジュアリー・ブランドはどれも老舗で、歴史を持つものばかりです。新進の流行ブランドは「ラグジュアリー」ではありません。「ライフスタイル」ではあるかもしれませんが、ラグジュアリーではないのです。ラグジュアリーであるためには、長い歴史を有する企業とブランドが必須となります。

## ラグジュアリー・ブランドはミステリアス

さて、ここまで「ラグジュアリー・ブランドとは何か」について伝統と技術という点から見てきましたが、もうひとつ「態度」という点についてご説明します。これは少なくともフランス、イタリア、イギリスなど、西ヨーロッパのブランドに言えることですが、ラグジュアリー・ブランドは顧客から距離のある態度を保っています。ラグジュアリーであるためには、顧客から多少距離をおき、顧客にあまり近づきすぎないということが大切なのです。そのためには、ミステリアスでなけ

写真5-3　講演の様子①

ればなりません。たとえばラグジュリー・ブランドの最新キャンペーンの広告に、美しい2人の女性が描かれているとします。彼女たちは微笑んだり、声をあげて笑ったりはしそうにありません。親しげにしたり、誘惑したりすることも決してないでしょう。なぜなら、そういったことはラグジュリーではないと考えるからです。ラグジュリーとは、ある程度、顧客から距離をおき、控えめな態度をとることでエレガントさを保つことです。ですから、そのような広告には、モデルがミステリアスな雰囲気を醸し出すように計算されています。セクシーであることは、必ずしも親密であることとイコールではないのです。

## ラグジュリー業界の「特別化」プロセス

距離のある態度とミステリアスさに加えて、「特別化」という要素もあります。ラグジュリー・ブランドは、ブランド品を購入する人々に何らかの「特別感」を与えることを目指しています。そのためには、ときにブランド自らの歴史、たとえば著名人にブランド品が愛用されたという歴史を活用します。たとえば、アメリカの元ファーストレディ、ジャクリーン・ケネディ。彼女が身につけているようなシャネルのスーツやバッグを買うことで、私たちはジャクリーン・ケネディ・オナシスの歴史の一部を買ったという感覚を持つのです。そして、ほんの少しだけアメリカのファーストレディのような気分を味わうことができます。それから、オードリー・ヘプバーン。彼女もまた、フランスの偉大なファッションデザイナー、ユベール・ド・ジバンシィのミューズ（芸術の女神）でした。ジバンシィを買えば、まるでオードリー・ヘプバーンになったような気分を味わえるわけですね。これがラグジュリー業界の特別化プロセスのからくりです。

## ラグジュリー・ブランドの「高尚化」

さらに、特別化とならんで、「高尚化」という要素があります。ラグジュリー・ブランドの多くは、高尚であろうと努めています。「商売など汚らわしい」というように、ラグジュリーたるもの、一般的な日用品や売買の対象であってはならないのです。ラグジュリーはただ美しいからこそ存在するものであって（もちろん実際には売買はされるわけですが）、それが殊更に公言されることはありません。ラグジュリーについて語るときには、売買に決して触れることはないのです。ラグジュリー商品のコモディティ化を防ぐため、ラグジュリー・ブランドは芸術家や、アート、それに何か精神的でスピリチュアルなもの、抽象的なものと結びつくことで、高尚化を図ります。ここで、2つの例をご紹介しましょう。ドン・ペリニヨンは高名な現代芸術家でバルーンをモチーフとした創作を行っているジェフ・クーンズとコラボレーションしています。またシャネルは、現代アートのキャンペーンを行っています。これは、移動式の展示センターをつくり、世界各地で現代アートの展示会を行うというものでした。

## ラグジュリー・ブランドの「排他性」

そして最後に、「排他性」があげられます。誰にでも手に入るのであれば、ラグジュリーという概念はそもそも存在しません。ラグジュリーは大衆のものであってはならず、排他的でなければなりません。つまり、ものすごく高価で、一握りの限られた幸福な人々、贅沢ができる人々にしか手に入らない品であることが求められるのです。ラグジュリーであるためには、本質的に排他的でなければならないということです。

## ラグジュリーはすべてが美しい

それからもちろん、これはつい忘れてしまいがちなのですが、ラグジュリーの本質はまさに次の点にあります。つまり、ラグジュリーとは美しくあるための、そして美しいものを売るための存在である、ということです。ですから、ラグジュリーに関するものは、製品自体のみならず、売り場や、売り手、パッケージに至るまで、すべてが美しくなければなりません。

## ② ラグジュリー・ブランドとファッション・ブロガーとの関係性

### デジタルは「ソーシャル」

さて、次にファッション・ブログについてお話しするにあたり、まずはデジタル化について考えてみましょう。なぜなら、ブログはデジタル世界の一部であり、ソーシャルネットワークの一部でもあるからです。では、デジタルの本質とは何でしょうか？　それはソーシャルであること、共同体的であることで、人々が相互的に交流し、コミュニティの一部となり、共有し、他人（知っている人も知らない人も含めて）と意見交換を行うことです。

### デジタルは「カジュアル」

さらに、カジュアルだという点もあげられます。私は、パリのInternational MBA in Luxury Businessで実際に私が教えている学生たちと、フェイスブック上のフレンド（友達）です。ソーシャルネットワークを通して、非常にカジュアルなコミュニケーションをしています。学生たちは自分の日常を何でも公開しています。このように、ソーシャルネットワークとデジタルは、とてもカジュアルな性質を持つのです。

## アクセスしやすい「デジタルな世界」

デジタルには、カジュアルさに加えて、アクセスしやすいという性質もあります。デジタル世界において、アクセスしやすさは重要な要素です。ここで航空会社のヴァージン・アメリカ航空の例をご紹介しましょう。同社のツイッターのアカウントでは、ユーザーが機内の写真を投稿して、ヴァージン・アメリカ航空での体験を他の人に披露することができます。つまり、ヴァージン・アメリカ航空は自分たちを消費者からアクセスしやすくしているのです。その一例として、カップルのジョシュとケリーはラスベガスのフライトで婚約したため、その写真を送りました。彼らがヴァージン・アメリカ航空に伝え、それを同社が皆に広めているのです。「ヴァージン・アメリカ航空にはブランドとしてだけでなく、自分のことを公開したいときにもアクセスできる」という認識を大勢の人たちが抱いているわけですね。

## デジタルでの公開と共有

デジタルには、何かを公開したり、自分のことを公開するという側面もあります。私たちはインターネット上で自分について多くを語り、かなりの部分をさらけ出しています。たとえば、多くの人たちが週末の休みをどう過ごしているかについてSNSを通して公開しています。このような人たちが誰で、どういった人物かも、かなり読み取ることができます。インターネットは、プライベートな生活を公開するという側面もあるということです。言うなれば、プライバシーなどもはや無いようなものです。

さらに、共有という側面もデジタルの特徴としてあげられます。様々なソーシャルメディアによって、たとえばユーチューブで動画を評価したり、ピン[1]したり、共有したり、またはインスタグラムで共有したり……というように、ネット上では画像でもエピソードでも、ほぼあらゆるものを共有できます。

共有できるということは、すなわちバイラル（感染的）になるということです。「バイラル」とは、ネットワークを通じてコンテンツが世界中に、しかもものすごいスピードで広まることを意味します。たとえば、ユーチューブで人気の猫「まる」は今やヨーロッパではスターと言えます。他にも、少なくとも西洋世界においてバイラルなものをあげてみましょうか。猫、子ども、犬、ユーモラスなもの、ジュード・ロウのようなセレブたち、その生活や結婚やタブロイド紙の記事についての噂話、セレブのゴシップ関係……。このように、インターネット上では何もかもがバイラルになります。こうしたバイラル性は一部のブランドにとっては好都合ですが、コントロールが難しいという側面もあります。ですから、ブランドは往々にしてバイラル性を好みません。それは、コンテンツがソーシャルネットワークを通じて、コントロール不能な形で

**写真 5 - 4　講演中の様子②**

1　ピンとは、Pinterest（ピンタレスト：気に入った画像や動画を自分のボードへ貼りつけて、共有できるウェブサービス）のボード上に画像や動画を掲載すること。

世界中に拡散してしまうからです。

## デジタルの世界は「今この瞬間」の世界

デジタルというのは、「今この瞬間」の世界です。デジタルの世界では、私たちは過去や一定の時間を生きているわけではありません。まさに今この瞬間を生き、つねに互いにつながった状態にあるわけで、これがときに問題の種となります。

## デジタルを拒否し続けたラグジュリー・ブランド

さて、ここでラグジュリーとデジタルを組み合わせようとすると、非常に奇妙なことになります。どうすればよいのでしょうか？　そんな組み合わせが、果たして可能なのでしょうか？　当初、ラグジュリー・ブランドはこれを拒否しました。「デジタル化などとんでもない」と。なぜでしょうか？　なぜなら、ラグジュリーは排他的ですが、デジタルはソーシャルであるためです。ラグジュリーは特権階級的、しかしデジタルは民主的です。ラグジュリーには手の届かないイメージが求められますが、デジタルはアク

写真5-5　講演中の様子③

セスしやすさが重要となります。ラグジュリーはブランドと製品の威厳を高めることを重視しますが、デジタルはものごとを一般に普及させ、アクセスしやすく、手に入りやすく、シンプルにします。ラグジュリーは歴史と伝統を重んじ、デジタルは現在を、場合によっては未来を生きます。ラグジュリーでは顧客から距離をおいた、よそよそしい態度が求められますが、デジタルは身近で内包的です。ラグジュリーは控えめですが、デジタルはどこにでも存在し、しかもにぎやかです。ラグジュリーは秘密を良しとし、デジタルは共有しようとします。このように、両者はまるで白と黒のように、まったく正反対です。こんなにも異なる2つの世界を、一体どうやって組み合わせようと言うのでしょうか？　ですから、これまでラグジュリー・ブランドは頑なにオンライン化を拒否してきたのです。

## ラグジュリー・ブランドと謂えどもオンライン化するしかない

しかし、第二の段階、選択の余地がない段階がやって来ます。すなわち、ラグジュリー・ブランドは「オンライン化するしかない」ことを悟ったのです。なぜなら、若い皆さんのように生まれながらにデジタルに親しんでいるデジタルネイティブや、Y世代、ミレニアル世代がオンラインで活動しているからです。こうした人たちはオンラインでチャットをし、オンラインで買い物を済ませ、デートもオンラインと、できることは何でもオンラインで行います。すると、非常にやっかいなことになります。ブランドの未来を支える皆さんのような世代の人々がオンラインにいるのに、ブランドのほうがオンラインにいない、という問題が起こるわけです。さらに、eコマースについても考えないといけません。一部の富裕層は、実際にオンラインでの購入が非常に多いのです。彼らはインターネット上で盛んにネットサーフィンし、様々なサイトを訪れ、多くの商品を購入します。さらに、オフラインで情報収集や買い物をする代わりに、オンラインのシステムを利用するようになっています。ですから、オンラインの世界を無視して従来のブティックに固執するという姿勢は、非常に難しくなりました。それでは、もはや通用しないのです。

そういうわけで、ラグジュリー・ブランドは未知の存在と向き合うことになりました。まったく知識のないデジタル世界に、踏み出さざるを得なくなったのです。一体何をどうすればいいのか？未知の世界に足を踏み入れる困難さは、想像を絶するものがありました。実際、この時期はラグジュリー・ブランドにとって本当に不安で恐ろしい時期でした。どの企業も自社ブランドへのコントロールを失うことを非常に恐れていたのです。何しろラグジュリー業界においては、ブランド強化をコントロールすることがとても重要ですから。

**写真5-6　講演中の様子④**

**写真5-7　講演中の様子⑤**

## オンライン進出のリスクと、そのリスクが少ないブログ

では、主要なリスクは何だったのでしょうか？　ラグジュリー・ブランドにとって一番の問題は、オンライン世界の知識がまったくないことでした。さらに、ブランド強化のコントロールができないという点も問題でした。しかし、オンラインへの進出は必須です。そこで各ブランドは、最もリスクの少ない方法をとることにしました。その方法がブログの活用なのです。少なくとも当初の段階では、ブログは他の意見交換の場と比べて、よりリスクが少ないと判断されたのです。

## ブログ活用の利点

### ●なぜブログは信用されるのか？

ここで、ブログについて考えてみましょう。皆さんにとって、ブログの利点とは何でしょうか？　ブログの、どんな点が人を引きつけるのでしょうか？　第一に、信頼できるという点があげられます。つまり、私たちはブログに書かれていることを信用するわけです。なぜ信用するのでしょう？　それはブログの書き手、つまりブロガーを信頼しているからです。ブロガーたちがラグジュリー・ブランドやファッション・ブランド、旅行ブランドについて語るとき、私たちは彼らが本心から正直に感想を書いていると考えます。さらに、ブロガーがおカネを受け取ったりはしていないだろうとも考えます（実際は必ずしもそうではないのですが）。報酬をもらっていないのだから、ここに書いてあることは信頼できるはずだ、と

判断するわけです。これがまず、第一の理由です。

## ●親近感を感じさせるブログ

第二のブログの利点に、ブロガーは私たち読み手が自分と重ね合わせ、親近感を感じられるような存在であることをあげることができます。なぜでしょうか？　私たちはブロガーを自分と似ていると感じたり、あるいは少なくとも自分が理想とする姿と似ていると感じます。彼らは読者に力を与えてくれる存在なのです。読者は自分のスタイルやファッション、買うかどうか迷っている商品について自信が持てるよう、力を与えてもらうためにブログを読みます。あるいは、単に情報を求めてという場合もあるでしょう。読者はブロガーを好ましく感じ、自分と重ね合わせます。それは、彼らの視点や文章が面白いからです。そのため、私たちは楽しんでブログを読むわけです。さらに、読者は通常自分が好ましいと感じるブロガーを追いかけます。だから、次第に親近感も増していくのです。これがブロガーと自分を重ね合わせる理由です。

## ●有名ブロガーと彼らの推奨パワー

さて、国際的な有名ブログ、たとえばブライアン・ボーイ（Bryanboy）やフェイスハンター（Facehunter）、スージー・バブル（Susie Bubble）、シー・オブ・シューズ（Sea of Shoes）といったブログは、今や世界中で非常に有名です。こうしたブログの書き手たちは大変有名で、大勢の人々から支持され注目されています。なぜなら、彼らには推奨パワーがあるからです。どういうことかと言うと、彼ら有名ブロガーが何かを発言すると、人々はそれに従い、行動を起こすのです。彼らがある製品を薦めれば、人々はその商品を買う。これによって有名ブロガーは非常に大きなパワーを持つ存在となっています。

では、なぜ有名ブロガーに推奨パワーがあるのでしょう？　それは、彼らの多くが流行をいち早く見つけるトレンド・スポッターであり、世界中の流行や新しいものを見つけるのに長けているからです。流行のエキスパートである彼らは、カッコいいもの、流行りのもの、流行を取り入れる方法、オシャレな人々を見つける術を熟知しています。だから読者も当然、彼らが特定のスタイルを推奨すれば、それを信じるわけです。別の言い方をすれば、彼らブロガーは流行の発信者で、センスがあると思われている、だから人々は彼らの言葉に従う、というわけです。

### ●ブログと他のメディアとの違い

最後に、これはブログが他のメディアと違う点でもありますが、ブロガーは共同体的な志向をもっており、コミュニティと何かを共有したいと願っています。彼らは自分を信頼してくれる支持者からなるコミュニティを有し、このコミュニティに自分の情報を分け与えたいと考えています。この点が他のメディアとの大きな違いです。以上が読者から見たブログの利点です。

## ラグジュリー・ブランドが有名ブロガーに関心を寄せるワケ

### ●ジェームス・ボート

では、ブランド側にとってのブログの利点は何でしょうか？　有名ブログ「James Bort Factory」の運営者であるジェームス・ボート（James Bort）は、美術の学校を卒業して、ファッション写真家、コンテンツ提供者になりたいと考えたのですが、コネがありませんでした。業界に知り合いもいないし、専門訓練も受けていなかった。そこでブログを開設したのですが、とても才能のある人だったので、あるときディオールのファッション・ショーのバックステージを撮影する仕事を受注したのです。それが、この業界に入る最初の足掛かりとなりました。彼は現在、ランバンやジョン・ロブ、ヴァンクリーフ&アーペル、カール・ラガーフェルドなどと仕事をするほどの人物となりました。偉大なデザイナーのポートレートを撮ったり、世界でもトップクラスのブランドのためにフィルムや動画や写真を撮ったりと活躍しています。

ブランド側にとって、彼のようなブロガーは関心を引かれる存在です。というのも、こうした人々はデジタルなブランド・コンテンツのエキスパートだからです。どういうことでしょうか？　彼らの多くはマネジメントやマーケティング、美術、あるいはファッション系やデザイン系の学校を卒業しているため、この講演の最初のほうでお話ししたようなラグジュリー・ブランドにおける様々な約束事をとてもよく理解しています。ブランドと製品の威厳を高めるコツを心得ており、どうすれば製品が美しく映えるか、人々が共有したくなるかを熟知しているのです。さらに、とても大事な点として、彼らはオンラインのルールや慣行をマスターしており、デジタル世界の知識を持っています。これはまさにラグジュリー・ブランドにとってまったく未知の部分です。こうしたブロガーは、ラグジュリー・ブランドにとって、オンラインにおける一種のエージェント的存在なのです。

もうひとつ、ジェームス・ボートを一躍有名にした仕事をご紹介しましょう。彼はカール・ラガーフェルドとマーク・ジェイコブスの写真を撮ったのですが、これは大成功を収めました。さらに、イヴ・サンローランの香水「マニフェスト」の西欧市場での発売キャンペーンも手がけています。

### ●ガランス・ドレ

ガランス・ドレ（Garance Doré）も、とても有名です。彼女はフランスの有名ブロガーで、現在はニューヨークに在住し、スコット・シューマンを知る人々の集うブログ「ザ・サルトリアリスト」のパートナーでもあります。彼女はフェイスブックからピンタレスト、インスタグラムとあらゆる場所に登場しています。とてもソーシャルな人ですが、それこそがラグジュリー・ブランドの好むところであって、こうした人はラグジュリー・ブランドがまったくノウハウを持たないデジタル分野のエキスパートなのです。デジタルのエキスパートとは、ネットリテラシーがあり、検索エンジン最適化やソーシャルメディア最適化といった、ラグジュリー・ブランドにはまったく見当のつかない分野を知り尽くした人たちです。さらに、彼らはオリジナルで排他的でバイラルなコンテンツを創り出す才能に優れ、しかもラグジュリー・ブランドが排他性とオリジナリティと新しいものを好むことをしっかりと意識しています。これは素晴らしいことです。なぜなら彼らは、この新規性とオリジナリティと排他性とを融合してくれるからです。

## ラグジュリー・ブランドとブロガーのコラボレーションの具体例

たとえば、ラップドレスの創作者であるダイアン・フォン・ファステンバーグは、フランスで「Le Blog de Betty」を運営しているブロガーに依頼してビデオを作製し、フェイスブックによってバイラルな拡散を図りました。それから、ルイ・ヴィトンはアンドレというフランスの有名なストリートアーティストとコラボレーションを行い、アンドレがルイ・ヴィトンのためにスカーフをデザインしました。それに関するキャンペーンをこのブロガーに依頼しました。ルイ・ヴィトンはニュースの取り扱い方を心得ていなかったため、このブロガーにフェイスブックやインスタグラムや彼女のブログその他でのニュース管理を任せたのです。

## 有名ブロガーはコミュニティ管理のエキスパート

最後に、ラグジュリー・ブランドがブロガーに関心を抱くのは、彼らが忠実で熱心な支持者からなるコミュニティを有しているからです。ブロガーはコミュニティ管理のエキスパートです。コミュニティ管理のエキスパートとは、忠実なオーディエンスといかに関係性を築き、維持するかを熟知した人々を指します。ここで大事なのはオーディエンスが忠実であることです。オーディエンスが忠実だからこそ、ブロガーはバイラルな拡散を自在に引き起こせるのです。バイラル性は非常に重要です。コンテンツが人々の間で広まれば、それについてより多くの人が知り、ラグジュリー・ブランドについてもより頻繁に話題にのぼることになりますから、ブランド認知が向上し、ブランド・イメージがアップするわけです。ただし、これはもちろんバイラルなコンテンツが適切に取り扱われた場合に限ります。

彼らがコミュニティ管理のエキスパートである所以は、購入を推奨し促すコツを心得ているからです。忠実で、ブロガーに好感を抱いている支持者コミュニティに囲まれているため、彼らブロガーが何かを薦めれば、支持者たちはそれに従って製品を買うのです。ラグジュリー・ブランドにとって、それは願ってもないことです。多額の費用を費やすこともなく、ブロガーが薦めたブランド品を多くの人が買ってくれるわけですから。実に素晴らしいことです。

たとえば先ほどのガランス・ドレ氏ですが、彼女はとても有名になり、数多くの支持者からの信頼を得ています。そこで彼女はeショップを開設し、自分のデザインしたカードなどの販売を始めました。さらに、自分が気に入った人々やデザイナーの製品をチョイスして、ウェブサイト上で好意的に紹介して皆に薦めています。すると支持者は彼女を信頼して、それを購入するのです。これは非常に興味深いことです。

## ラグジュリー・ブランドにとってベストなブログ

さて、話の締めくくりとして最後に考えてみたいのは、「ラグジュリー・ブランドにとってベストなブログとは何か？」です。これまでに述べてきたように、ブログはいまやメディアです。では、はたしてどんなブログがベストな選択なのでしょうか？　皆さんがラグジュリー・ブランドの経営者や従業員だとしたら、ぜひともスター的なブロガーを選んでください。こうしたブロガーは彼らを愛する熱心なファンに囲まれており、人々に信頼を寄せられ、ラグジュリー業界のルールの扱いを心得ていて、ラグジュリー・ブランドについて熟知しているからです。たとえば、こうしたブロガーは他のラグジュリー・ブランドとの提携経験も豊富ですし、並外れた美や美的感覚を取り扱う術も心得ています。また非常に重要なポイントとして、優れたブランド・コンテンツを創造し管理することにも精通しています。さらに、過度にソーシャルまたは共同体的ではないため、信頼を寄せてくれる支持者コミュニティはあるものの、過度に交流したり、ブランドにとってマイナスになりか

**写真５-８　講演中の様子⑥**

ねない議論を引き起こすことも少ないのです。加えて、彼らはオフラインにおけるスキルとネットワークにも優れているため、オンライン上で推奨パワーがあるだけでなく、現実のオフラインでも真に興味深い人たち——たとえば写真家や、モデル・エージェントといった知人と交流をもっています。その巨大なネットワークは、ラグジュリー・ブランドにとっても大いに役立つでしょう。

## 将来有望な新進ブロガー

また、将来有望な新進ブロガーにも注目すべきだと思います。というのは、スターブロガーの場合、あらゆるブランドが彼らを競合して求めるという難点があるからです。たとえば、仮に皆さんがルイ・ヴィトンの従業員だとすれば、同じブログ内に他の競合ブランド勢と一緒くたに掲載されるというのは避けたいと思うでしょう。他と混じり合うのは望ましくありません。思い出してください。ラグジュリーとは、顧客から距離をおき、ソーシャルな要素を排することでしたね。ですから、適切なブログ、適切な組み合わせを模索する必要があります。そのひとつがスターブロガーであり、だからこそ彼らは必要とされるわけです。彼らは優れたメディアです。しかし同時に、新進ブロガーもまた必要な存在と言えます。ブランド独自のラグジュリー規範に合った、それでいて他のブランドの手がついていない、新進のブロガーを発掘すべきです。ブランドは、新しいものを適切に選び取れることをアピールする必要があるのです。

写真５-９　講演中のガシュシャ・クレッツ氏

では、将来有望な新進ブロガーをどうやって見つけるのか？　美的感覚を十分に理解し、ラグジュリー規範について把握しており、ブランド管理の創造に優れ、かつあまり過度にソーシャルまたは共同体的でない、そんなブロガーを選択するとよいでしょう。

# 第5章　ラグジュリー・ブランドのＰＲ戦略

東野香代子
中野　香織
藤田　結子

**東野**：東野と申します。私はフランスのブランド、エルメス社の日本法人で20年間、広報ＰＲの担当をしておりました。その後、エルメスと同じくらいの長い歴史を持つ日本の老舗、福助株式会社で故・藤巻幸夫氏とともに、ＰＲを中心に企業再生の仕事を手がけました。福助退職後は、モード誌の編集を経て、現在はパリに本校のある、モダールインターナショナル学院の日本代表として、ファッション・ビジネスのセミナー開催、海外から日本のファッションを学びに来る学生のためのカリキュラム作成、日本からパリにファッション・ビジネスの研修に行く学生へのプログラム制作などをしております。本日のテーマが、「ラグジュリー・ブランドのＰＲ戦略」ということで、今お話した私の経験を踏まえて、お話しをしたいと思います。よろしくお願いいたします。

**中野**：皆さん、こんにちは。中野香織と申します。明治大学国際日本学部の特任教授として、古代ギリシア・ローマからから来シーズンまでのファッション文化史を中心に、ファッションと社会との関係の歴史を教えております。国際日本学部にお招きいただいたのは２００８年、学部の立ち上がりの時ですけれども、その前に、大学院を修了してからフリーランスのコラムニストとして様々な媒体で記事を書いておりました。もともとファッションの分野を志向したわけではなく、イギリスの階級制度とスーツの関係といった話をメンズファッション誌で書いているうちに、書きためたものが『スーツの神話』（文春新書）という本にまとまり、それを読んでくださった日本経済新聞が、男性向けにファッションのコラムを連載してみないかとお声がけくださいました。そこで日経夕刊紙上で『モードの方程式』という連載が始まったのですが、当初、半年間の約束が、結果として7年ほどの連載となりました。毎週、ワンテーマずつモードについて調べて書くという作業を7年間続けたら、単行本数冊という形にまとまり、いつのまにかファッション史や最新モード事情に関する専門家としてみなされるようになって今に至っています。

そんなフリーランスの期間に、多くのブランドに取材し、夥しい量の記事を書いてまいりました。ブランドとのお付き合いの中で、とくに私は取材する側としてお付き合いしてきたのですけれども、今回は、暗黙のうちにタブーとされてきた「ラグジュリー・ブランドPRとファッション誌の知られざる関係」のような話を中心にしたいと思います。

**写真6-1　パネルトーク中の様子**

（右から東野香代子氏、中野香織氏、藤田結子氏）

東野さんも、取材される側として永らく働いていらっしゃいましたし、また、かつての『ハーバース・バザー』の副編集長をなさっていたこともあり、取材する側としても多くのことをご存じです。実はその旧『ハーバース・バザー』時代に、私は「落日のマッチョ」というタイトルの連載エッセイを執筆していて、その時の担当編集者が、東野さんでした。

**東野**：このエッセイのタイトルだけ聞くと、どんな雑誌かと思うかも知れませんが、念のため申し添えると、ハーパース・バザーはファッション誌なんですよね。

**中野**：一応モード誌なのです。でも、後からお話をいたしますように、モードの話題にはやや閉塞感を覚えていたこともあって、じゃあ、いっそモードを離れてイキのいいマッチョを探して讃えるコラムにしようという趣旨で始まった連載でした。とはいえ、なんやかやとファッション・ブランドのPRの方々にもご協力いただきました。そのようなブランドが大なり小なり絡む仕事において、書きたいことを書きたいように書いてきたのかと言えばそうではなく、実は、ブランド側から記事内容をコントロールされたり、編集部がブランドに配慮して記事内容に自主規制をかけたりというようなことが、多々ありました。現在でもそうしたことが暗黙の常識として行われておりますが、そのような慣例がファッション誌をどれも似たりよったりの広告の寄せ集めのような媒体にしてしまい、結果として雑誌のつくり手自身が自虐的に「旧メディア」とか「オワコン」（終わったコンテンツ）などと呼んでしまうような事態を招いているのではないかとも思います。

ですから今日は、ファッション誌が再び元気を取り戻すように、ファッション・ジャーナリズムが風通しよく活況となるように、との願いも込めまして、これまで業界の暗黙のタブーとされてきたこともお話したいと思います。私はファッション誌の仕事も続けていますので、暴露というおおげさなことではなく、ファッション記事の裏側にはこんなこともあるのだという事情を、実際の体験に基づいて、お話ししたいと思います。よろしくお願いいたします。

**藤田**：本日のテーマとして何点かあげていただいているのですけれども、最初は、「取材する側、される側との温度差」というテーマですね。

**東野**：本日のテーマは中野さんと話をして、なるべく一般の方でもわかりやすいものをということで決めました。大きく分けると、４つあります。

## 本章のテーマ

まず、表６－１で1番目にあげた「取材する側、される側との温度差」というテーマについて背景をご説明します。中野さんとは、私が編集部にいた時代は、著者としてお付き合いしていましたが、ここでは、私が企業の広報担当として「取材される側」という立場になり、中野さんは著者として「取材する側」としての問題提起をします。する側と、される側で、どれぐらい温度差があるかということを、わかりやすい事例を引用してお話しします。たとえば、外資の会社は、ファッションに限らず、取材や取引など多方面にわたって、何かお断りする場合や、ネガティブな返事をするときの〝キラーセンテンス〟として、「本当に申し

**表6-1　本章のテーマ**

1 取材をする側、される側との温度差
「本国からの指示です」はどこまで本当なのか？

2 戦略のオモテとウラ
発信されるメッセージの真意とウラ事情

3 プレスリリース必須の「どこでも同じ」キーワード

4 希望の光、日本のデザイナーのブランディング成功例

わけないのですが、本国からの指示なので、ご希望に沿えません」という表現をします。言っているほうはそれほど重く考えていないのですが、言われたほうは、「本国」という言葉に相当なプレッシャーを感じ取ってしまいます。80年代後半から90年代にかけて、外資系企業が「黒船」と呼ばれていた時代、今のように多くの人が英語でビジネスをしていなかった時代（外国本社との会議と言えば通訳がいたものです）、ミラノとかパリから言われたら仕方ないなと引いていました。私も外資企業のＰＲ担当時代は、「本国」という表現をよく使っていました。本当に本社がそう指示している場合もあれば、そうでなくて、面倒くさい人にお引き取りいただくためにウソをついたりしたこともあります（ごく稀にですが）。逆の立場とも言える編集部に移ってから、いろいろなラグジュリー・ブランドの担当者から「本国から、このように指示されているので、ごめんなさい」という言葉を聞くと、「本当に、それ、本国から言われたんですか？」と疑問符がつくことが多々あります。

2番目として、「戦略のオモテとウラ」ということで、ブランドなりファッション・メゾンから発信されているメッセージの本当の意味と、それを発信するに至ったウラ事情にはどんなことがあるのかを、お話しします。

3番目としてあげたプレスリリースについてですが、プレスリリースというのは一般的には、記者発表であるとか、新製品の発表のときに、企業や団体の広報部から報道関係者に配布する資料のことです。ファッション誌の編集部では、ブランドのプレスリリースが毎日山のように送られてきたり、発表会で渡されたりします。それらの内容を見てみると、自分がブランドでPRをやっていた時代は、自分の会社だけがそう言っていると思っていたんですけど、いろんなところから届いたものを並べて見てみると、大体重複して必ず使われている単語があります。中野さんとの事前打ち合わせで、二人とも必ず目にした記憶がある〝必須語彙〟を、羅列してみましたので、ご紹介したいと思います。

最後の4番目のテーマは、日本のデザイナーについてです。日本にも才能のある人が大勢います。しかし、クリエイターの才能だけで成功した例は数少ないのが現実です。日本のデザイナーの中でも、ブランディングが成功している例について、主に中野さんのほうからお話をしていただきます。

## PRとは

「PR戦略」についてお話する前に、PRとは何かをまず定義します。すでに社会人として

**表6-2　PRとは**

**Communication**

- Advertising
- Public Relations
- Press
- Edition
- Event (Show, Presentation, Exhibition, Art, Culture)

  Sales Promotion marketing
  Window Display / VMD

働いている方、あるいはＰＲをご経験の方は、頭の中に暗黙知として同じことを思い浮かべていると思いますが、私が経験したブランドでのことを軸に簡単にご説明します。

ラグジュリー・ブランドでは最近、名刺に「ＰＲ担当」とあまり書いていません。コミュニケーション部とか、コミュニケーション・ディレクターなど、コミュニケーション（Communication）という言葉を使っています。そもそもＰＲというのは、表6－2の2番目に書いた、Public Relationsの略です。ステークホルダー以外の、一般（パブリック）の方に対してのメッセージ発信であったり、良好なブランド・イメージの発信、人間関係の構築です。コミュニケーションという言葉には、それ以外に、Advertising広告、Press（報道機関対応）、Edition（印刷物）などが含まれます。それに加えて、Event。これはファッション・ショーとかシーズン毎の新製品の発表会であったり（Presentation）、文化的な展覧会なども含みます。２０１４年の冬には、ディオール、エルメス、Jun Ashidaが美術館や特設会場で開催していました。商品の展示ではなく、そこに至る歴史や文化的背景が学芸員によってきちんと分類整理されて、ストーリーのある展示が展開されていました。さらに、文学や、音楽、美術など幅広いジャンルでアーティストとのコラボレーションというのもあります。

右下に小さくあるSales Promotion marketingというのは、会社によっては、コミュニケーションの中に、セールスプロモーションに近い活動も含まれているケースがあります。これは直接商品の販売につながる活動です。街路に向けたウィンドウ・ディスプレイやＶＭＤです。ＶＭＤは、店内の戦略的な装飾ですけれども、ウィンドウ・ディスプレイというのは、いわゆるパブリック・リレーションズの一環で、道を通る通行人に、いかにブランドのイメージ、メッセージを伝えるかということなので、それがコミュニケーションに含まれる場合もあります。

## 雑誌に取り上げてもらうために

日本語で「ピーアール」というと、会社なり、製品の宣伝をするということなので、この会場にいる学生さんの中で、将来的にファッション関連企業で広報・宣伝部門を希望する人がいるかと思い、私の経験の中から、雑誌に取り上げてもらうためには何が重要かということ、どう戦略的に取り上げるかということで、書き出してみました。表６－３をご参照下さい。

● Timing

広告ではなく、雑誌にいわゆる編集記事として取り上げてもらうためには、その号の締め切りまでに製品やイベントの情報を詳しく提供しなくてはなりません。ごく当たり前のことですが、輸入品の場合には、日本の雑誌の制作のタイミングに商品が届かなかったりして、掲載に至らないケースがままあります。日本は日程や時間に関しては世界一きちんとしているので、いくら本国指示でも締切に間に合わなければアウトです。タイミングを守るためにいかに本社と折衝するかも、外資ブランドの担当者の能力なのです。そうしなければ、自社ブランドの掲載ページが少なくなり、結果として、実績を残すことができません。

● Exclusive

これは、その雑誌にだけ何か特別感のあることをする。新聞や週間誌の時事ネタで「一社スクープ」があるように、ファッション誌でも、独占記事は評価されます。

**表6-3　雑誌に取り上げてもらうために**

- Timing
- Exclusive
- Honest
- Trend
- Personality - Attache de press, Designer
- Quick
- Presentation skill

●Honest

誠意を持って対応すること。新聞記者、雑誌編集者との人間関係を築くことが、プレスと称される広報担当者のスキルです。なんでも「本国が言ってますから」はダメです。

●Trend

どんなにブランドが独自の路線を持っていても、モード、ファッションの業界にいる限り、やはりトレンドに則っていなければ、掲載のチャンスはありません。海外ブランドの子会社では商品企画にまで口を差し挟めないのが現実なのですが、担当者がプレゼンテーションの手法でカバーする、という方法もあります。

●Personality — Attache de press, Designer

先ほど、誠意を持って対応する、というところでも述べましたが、プレス担当であったり、デザイナーであったりの、人となり、人柄で、編集者から見たブランドの印象は随分変わるものです。

●Quick

素早い対応。とにかく記者や編集者は急いでいます。何か問い合わせがあったら、できる限りすみやかに回答することも重要です。

●Presentation skill

どんなによいモノ、どんなに素敵なカタログをつくっても、それをいかに相手に対して効果的にプレゼンテーションするかというのが重要になってまいります。

**中野**：先ほど言い忘れましたけど、本書では日本語で「ラグジュリー」と表記しておりますが、これ（ラグジュリー）は誤植ではないのです。慣例ではラグジュアリーと表記されていますが、英語の発音に近い形で、あえて「ラグジュリー」と表記しています。

## 1 取材をする側、される側との温度差

### Case(1) ブランド・コントロール　その1

#### 修辞法無視の、他より右、上、一番最初

**東野**：最初「取材をする側、される側との温度差」と書いたのですけれども、私が編集の仕事をしている時代に、中野さんから、相談を受けたことがありました。広報担当を卒業していたので、本音を聞かせてくださいということでした。そこから先は中野さんお願いします。

**中野**：ある月刊のファッション誌で、毎回、ひとつのブランドの歴史や特徴などを紹介していくコラムの連載を4年ほど続けていたことがあります。通常は、一回の記事につき一ブランドを取り上げるのですけれども、そのときはカシミヤ特集で、有名なカシミヤ・ブランド二社を、一回で紹介してくれという編集部からの依頼を受けました。ブランド名を言うと差

しさわりがあるので、たとえば「嵐」の二宮君（B社）と松潤（A社）を一度に紹介するとでもしましょうか。二人とも私は応援したいと思っていますが、どちらかと言えば、松潤のほうをより強調して紹介したいとします。その場合、二宮君を先に書くか、松潤を先に書くか。私は、図6－1のように、松潤を盛り上げるために、二宮君の話を先に書いたんです。二宮君はこんなに素敵、でも、松潤はそれ以上に素敵というような順番で書きました。

**東野**：二宮君は前座ですよね。

**中野**：はい、あくまで二宮君は前座として書くのです。すると、松潤サイドからクレームが来るわけです。松潤の名は、いつも一番先でなければいけない。誰よりも右側に持ってきて、いちばん最初に書いてくれ、と。その結果、松潤パラグラフを先に書くよう、修正を求められたのです。それは主に英語やイタリア語やフランス語で「本国から指示」されるブランドの論理に則っているのかもしれないですけれど、日本語として読んだときに、インパクトがないんですよ。強調すべき松潤が前座になっちゃうの

**図6-1　取材をする側、される側との温度差**

Case (1)

**修辞法無視の、他より右、上、一番最初**

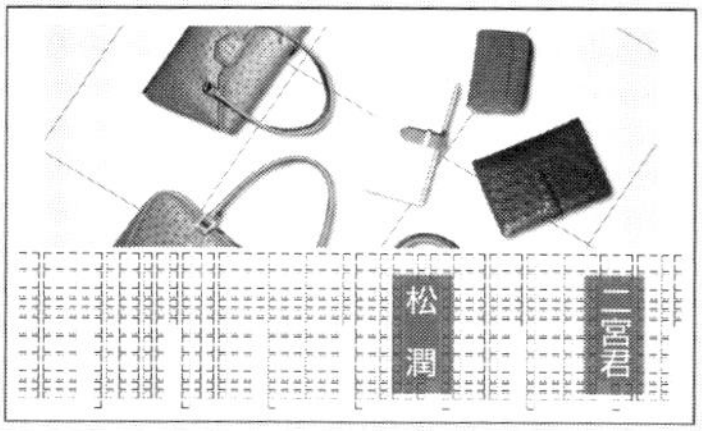

で、何かダラダラと、後にいけばいくほど話が退屈になっていくような印象を与えてしまう。二人の名をカシミヤ・ブランドの名に置き換えてください。それと、文字だけではなく、写真もそうですね。

**東野**：他のブランドよりも右・上、一番最初。写真は常に右上。

**中野**：パッと見て、一番目立つところに置かなければいけないというのが、ブランドの論理です。雑誌を開いたときに、複数アイテムがあるなかで、一番目立つ位置にあるアイテムのブランドが、おカネを一番出しているところというふうに解釈すればいいんです。

**東野**：でも、文章の場合、一番最初というのは前座なんですよね。

**中野**：そうなんですよね。日本語の修辞法だと後に来るほうが強調されるのですが。それはわかってもらえないですね。本国に説明するときに、自分のブランド名が競合ブランドの名よりも先にくることが、プレスにとっては重要であって、それが読者にどう響くかということはさほど関係がないように見えることがあります。

**東野**：今にして思うと、翻訳するときに、順番を変えてしまえばよかったんですよね。そのプレスの方、本国に忠実なよい（苦笑）スタッフだったのでしょうね。

**藤田**：それは、右上に書いたほうが、売上が伸びるからでしょうか。それとも、メディアの慣習で、右上に来るほうが、地位が高いという感覚があるからでしょうか。

**東野**：単ページの連続で、競合ブランドを数ページにわたって連合で取り上げたときは、やはり一番最初に出てきたものが一番目立ちますよね。でも今、中野さんが例としてお話しされたのは、そうではなくて、全体として嵐というグループは素晴らしい、その中でも松潤はとくに素晴らしいと言おうとしています。「松潤」印のブランドの広告であれば、最初から最後まで松潤のことだけ語ればよいのですが、編集記事の場合は、1社だけの宣伝をするというわけにはいかないので、社会現象であるとか、今シーズンのトレンドであるとか、そういう一般論から入って、それを踏まえた上で、今一番は松潤だよ、そういう書き方をなさりたかったのだと思います。たとえば二宮君が、とある映画で今話題になっていたら、そこが社会現象という例であげるのですけれども、そうすると他より右、上、一番最初の原則が崩されます。その担当者は帰国子女で、日本語の修辞法がよくわからなかったのかもしれません。

**中野**：これはほんの一例ですけれども、そのような不思議な原則との戦いが、いつもありました。また、シーズン前半のグラビアページにおいては、同じページのスタイリングの中で、競合するラグジュリー・ブランドを組み合わせるのはタブーというのはよく知られていますね。HのバッグとGのコートとSの靴を組み合わせたスタイリングというのはモード誌では、ほぼ見かけません。モード誌のスタイリングがどれもブランドのカタログになってしまい、似たり寄ったりに見えてしまうのは、そのような事情があるためでもあります。

## Case(2)　ブランド・コントロール　その2

### 他のブランドよりも「行数を多く！」

**中野**：ここまで、ご紹介してきたのはブランドの製品に直接、関わる記事にまつわるブランド・コントロールの例でした。今度はブランドが提供する製品とはほとんど関係のない記事を書いたときに実際にあったブランド・コントロールの例をお話いたします。

問題が発生したのは、富裕層と社会貢献に関する、やや長めのエッセイでした。社会貢献には様々な形があって、私たちになじみの深いこんなブランドもあんなブランドも意外な形で貢献している……というような話を書きました。たとえばＬというブランドは、一見、社会貢献には見えないスポーツ関係のイベントを主宰し、それを通して貢献をしているとか。あくまで、大きなストーリーの流れの中の具体例として、いくつかのラグジュリー・ブランドの功績を紹介したのですね。

すると、編集部も私も驚くようなクレームがまいりました。うちのブランドのことが書かれている行数が他ブランドより少ない、と。他社と同じか、他社よりも多い行数を書いてくださいというわけです。その雑誌はそれらブランドから、年間を通じてほぼ同じ量の広告をもらっているのですが、その中でも有力なブランドの意向が反映されるわけですね。行数といってもそんなに違わないんですよ。ほんの数行です。行数が少ないブランドにしても、私なりに力強い表現を駆使して、ブランド・イメージを盛り上げるような内容を書いたつもりだったのですが、問題は量でした。行数が他より足りないとクレームが来る。編集部のほうも、署名記事ですから、とがんばってはくれるのですが、やはり広告を出しているブランドのご機嫌を損ねるわけにはいかず、そのときはちょっと書き加えたかな。

**東野**：水増しですよね。

**藤田**：要するに、出版する前に、ブランド側に記事の内容をチェックしてもらうということが、常に行われているのでしょうか。

**中野**：そうですね。広告主であるブランドの名前が出てきたら、形式上、「事実関係の確認」という名目で。これは雑誌だけではなく、大新聞のファッション欄の記事においても時々行われています。私も、後になって問題が生じるくらいなら、むしろあらかじめ確認をとって、トラブルを極力避けたいと思うほうなので、抵抗はしませんが。

**東野**：仕組みでいうと、中野さんは著者ですから、出版社の担当者としての編集者がブランドとまずコンタクトをとります。実際にインタビューなり取材に出向くときは、中野さんと編集者が同行します。そこでいろいろ取材をしてから原稿を書きます。取材に行った先が広告主の場合、編集者は、出版社の広告営業の担当ないし編集部の中のビジネスを担当している上のほうから、変な記事が出たら広告を出してもらえなくなるから、ご機嫌を損ねるようなことをするなと、言われています。本来であれば、編集権というものがあるので、いちいち編集ページの原稿を見せる必要はありません。新聞あるいはテレビでは、掲載前や放送前の原稿や映像は見せませんが、モード雑誌は広告主からの広告収入で成り立っているものなので、広告主兼広報担当者に「原稿見せてください」と言われた編集者のほうは、自分で判断がつかない場合に責任を取るのがイヤだから、見せてしまうわけです。創業者の名前であるとか、ブランドの名前のカタカナの書き方であるとか、本社所在地の都市名であるとか、固有名詞や事実関係を確認してくださいと言っているのに、形容詞や文章の順番を書き換えてきます。不思議な修正もありました。イベントの「会場」と書いてある原稿を出したとき、ヴェニュー（Venue）と書き替えてあるんです。どうしてヴェニューにするのか、理由はわかりませんでした…。それは無視しました。広告クライアントとの良好な関係を保つために、滅多なことをしないようにという指示が拡大解釈され、若いアシスタント編集者は自分でチェックするのが面倒くさいので、全部見せているということなんです。一度それをやってしまうと、次から必ず事前に原稿を見せなくてはいけなくなります。

**藤田**：経験的に言って、1回チェックに出して修正の要請が来るのは、どの程度の頻度なのですか。

**中野**：私の場合、初めの頃は、ほぼ毎回でした。自分で調べた独自ネタばかりで書いたときには「プレスリリースに出ていること以外は書かないでください」と釘をさされたこともあります。最近では、どう書いたらどうレスポンスが来るかというのがわかってきているので、だんだんこちらも知恵がついてきて、自主規制ではないのですが、このようにすれば絶対に問題がないという文を書けるようになりました（笑）。提灯持ち記事を書いているという意味ではまったくありません。ある程度の規制があるなかで、どれだけ誰も不快にすることなく自分のオリジナリティを出せるかというゲームに強くなったという意味です。

## Case(3)　ブランド・コントロール　その3

### 「プレスリリースに出ていること以外は書かないでください！」

**東野**：編集部がなぜ中野さんに原稿をお願いするかというと、一般的にプレスリリースを丸写しするライターはいっぱいいます。ただ、中野さんはご研究をなさっていたし、論文も書いていらっしゃるから、企業の中では書くことができない素晴らしい文章を書いてくださるから、中野さんに執筆してもらうわけです。ブランドからのご指名も多いと思います。にもかかわらず、今、中野さんがおっしゃったように、「プレスリリースに出ていること以外は書かないでください！」というのは、不思議な対応です。

**中野**：最初からはっきりとそのような言葉でご依頼をいただくわけではありませんが、プレスリリースに書いてある内容を外さずに、そこに社会背景か時代背景を加えて厚みを出してほしいという暗黙のご要望を感じることは多いですね。そこで、あまり一般には知られていなさそうな社会事情とか、一見、無関係に見えそうな別の事象の中にプレスリリースの内容を散りばめていくわけですけれど、ただ、そのときにプレスリリースに出ていること以外のことで、ブランドイメージにとって都合がよろしくない事実に触れると、チェックが入る場合があるのです。

**東野**：さんざん取材に行って、さんざん資料を調べて、一生懸命書いた挙げ句の果てに、そう言われたら、「じゃ、自分で書いたら？」と言いたくなると思います。

「取材をする側、される側との温度差」にもう1点あります。次にご紹介します。

## Case(4)「面白いけど、ブランドが気分を害するからやめておきます」

**中野**：広く深く取材をすればするほど、ブランドのプレスリリースに書いてあること以外の歴史やスキャンダルというのも少なからず発見することになります。たとえば、有名なところでは、グッチ（GUCCI）。私はグッチの歴史も大好きで、グッチの素晴らしさを紹介するファッション記事も、何度もタイアップとして書いていました。グッチの歴史の中には、創業者の子孫で会長だったマウリッチオ・グッチが、元妻パトリッツイア・レッジアーノが雇ったマフィアに射殺されるというスキャンダルがあるのですね。それこそＮＨＫのドキュメンタリーとして放送されたり、ミュージカルになったり、本にもなったりした有名なエピソードです。ゴッドファーザーも顔負けのそのような事件を乗り越えてきたからこそ、逆にグッチのブランドのステイタスに凄みを与えていると私は思っているんです。でも、そういう話をチラッとでも入れますと、「ここはグッチとしては触れてほしくないので削除をお願いします」とクレームが来るのです。懲りずに2度ほど同じことをやりました（笑）。でも今では、結果が見えているやりとりの時間もムダなので、グッチさんとの仕事の場合は、初めからファミリー抗争はなかったことにして書くことにしています。この射殺事件は、2012年の秋頃にペネロペ・クルスが悪女役になって映画化されるという話もありましたが、立ち消えています。あくまで憶測ですが、ブランドの抵抗も無視できなかったのではないでしょうか。

**東野**：別の著者に起きた例ですが、そういった、ブランドの意向に沿わないという理由で、出版社自体が本の出版を取り止めたこともあると聞いたことがあります。

**中野**：ラグジュリー・ブランドのメディアに対する力って、大きいところでは大きいのです。

**東野**：「面白いけれど、ブランドが気分を害するからやめておきます」という過剰な自主規制が、雑誌の中の記事にまで及んだ場合、マイナス効果のほうが大きくなります。グッチのファミリーの問題とか、そういう困難を乗り越えて今日に至っているというエピソードが、ブランド・ストーリーとして面白いわけなのに、そういうものが一切ないと、読んでいて面白くないですよね。

**中野**：どこの記事を読んでも、耳触りのいい、つるんとした同じ話になってしまう。

**東野**：それであれば、取材したり資料調べたりしないで、ブランド名を入れ替えると、どこの会社でも使える便利な文章のひな形をつくって、一括置換にしてもいいんじゃないですか。

**中野**：グッチは、ゴッドファーザー顔負けのファミリーの内紛があって、それを乗り越えて今があるから迫力がある。また血なまぐさいファミリー抗争の歴史そのものにしても、ブランドの隠れた魅力になっていると思うんですよね。また、他のいくつかのラグジュリー・ブランドの場合でも、ブランド側が「タブー」としている創始者のエピソードこそが、実はそのブランドの本質を理解するために重要、ということが多いんです。ブランド側が「公には認めたくない」としている歴史的な事実が、解釈の仕方しだいで、むしろブランドの魅力になる。そのあたりの、「完全ではない」人間やブランドに対して、愛と寛容をもって信頼すべきというのが私の一貫した姿勢で、その点も折に触れ主張はしてみるのですけれども……ブランド・ビジネスの前にはあまり意味がないようです。

**東野**：私は、雑誌社にいた時代にすごく危機感を抱いたことがありました。読者は、書店で雑誌を１０００円近い値段を出して買うわけです。身銭を切って雑誌を買っている人にしてみたら、面白くな

**画像6-1　取材をする側、される側との温度差**

Case (4)

面白いけれど、
ブランドが気分を害するからやめておきます

過剰な自主規制 > 面白くない > 売れない > 広告主優先 > さらに売れない

（出所：中村雅人『グッチ家 失われたブランド』日本放送出版協会、1998年）

（出所：中野香織・小学館メンズプレシャス編集部〔共同編集〕「華麗なるジェットセッターの時代に思いを馳せて"GUCCI"男と女の旅する名品物語」『メンズプレシャス2012年春号 5月号』（別冊付録）小学館、2012年）

いものは買いません。雑誌を読まない傾向に拍車をかけるように、デジタルメディアがどんどんできています。それでさらに一層、雑誌の売上部数が減っています。雑誌の広告営業部員がクライアントに広告セールスに行くときは、「この雑誌は50万部売れていて、こういうターゲット層にこのくらいの率でリーチがあります」とか、部数と読者属性の強みでセールスに行くのが正攻法です。しかし、どんどん部数が下がっていくから、営業部員は、何かお土産を持っていかないとブランドの担当者は会ってもくれない。そこで「うちの雑誌は、広告を出していただければ、クライアントさんのおっしゃる通りの記事を書きますよ。あるいは、広告を出していただければ、記事でたくさん取り上げます」みたいなことを提案して広告をもらう。景気が悪くなってくると、ラグジュリー・ブランドといえども、広告をなかなか出さなくなる。それで、中野さんが先ほどおっしゃったみたいに、自主規制というか、これはご機嫌を損ねるからやめておこうという連続になる。必然的に誌面が面白くない記事ばかりになるから、さらに雑誌が売れなくなる。この連鎖を、どこかで誰かが断ち切らないと、本当に雑誌は売れなくなってしまいます。

**中野**：今回は、それを断ち切るきっかけづくりのためにお話しに来たようなものです（笑）。この妙な規制の枠をちょっと広げるだけで、ファッションをめぐる議論はもっともっと面白くなります。そうなれば、読者もついてくると思うのです。あるモード誌の編集者が自虐的に「私たちって、一部のおカネ持ちの読者とラグジュリー・ブランドをつなぐ小商人（あきんど）ですから」と言ったことがあって、なるほどと思ったことがあるのですが。それで雑誌ビジネスが盛況であれば、何の問題もない。でも、つくり手が、雑誌の「オワコン」化をストップさせようとするならば、ここで思い切って、編集者、ブランドともに意識を変えていかなくてはならないのではないかとも思います。デジタルに移行しても、この部分が変わらないと、コンテンツを知的に面白くすることに対して限界がつきまとうのではないかと思います。

**藤田**：それは、送り手である編集者側の意識が変わらないと、雑誌の内容も変わらないということなのでしょうか。つまり、自主規制しているために、そういった負のスパイラルみたいなものになっていく。

**東野**：負のスパイラルを断ち切るために、編集権を行使してクライアントに立ち向かう編集長は、今の出版社では求められていません。そんなことをしたら、会社をクビにはならないとは思いますけど、社内での評価は低くなりますよね。前時代的だとも言われるでしょうね。

**藤田**：それは、広告費が主な収入源になっているということでしょうか。もし記事が面白く、雑誌が売れて、それが主な収入源になれば、好きに記事を書けるようになるかと思います。でも、今は広告費の割合がすごく重要になるほど、雑誌が売れない状況なのでしょうか。

**東野**：細かい話ですが、どんなに部数の多い雑誌でも、書店の販売収益では、雑誌は制作できません。書籍には広告が入っていません。しかし、印税も入るぐらい、書店での販売収入だけで賄っていけます。モード誌、ビジュアル誌というのは、制作するために費用が書籍に比べて数倍もかかります。質の高い写真を、一流なフォトグラファーに、有名なモデルを使って撮らなければいけない。大きな判型の誌面に、きれいなレイアウトで印刷しないといけない。そうしないと、広告も入りません。

ただし、広告主は、部数がすごく多ければ、影響力が非常に大きいという量的なことで、ある程度は目をつぶってくれます。

**藤田**：ちなみに、ファッション誌で広告を1ページカラーで入れると、どのくらいの価格になるのでしょうか。100万円程度でしょうか。

**東野**：もう少し高いところもあります。平均的な相場として約200万円ぐらいでしょうか。それが部数が少なくなったり、影響力がなくなってくると、ディスカウント販売しなければいけない状況になります。ちなみに、モード誌にはカラーの広告しか料金表がありません。

**藤田**：ということは、広告を1本取るほうが、部数を増やすよりも確実ということですね。

**中野**：まさに、その通りです。広告あってのビジネスですから、編集者が、読者よりもむしろブランド側の顔色を見ながら誌面をつくるのは当然かもしれません。書き手の原稿料も間接的にその広告料から出ているわけですから、ブランドの意向に反するような記述を避けるべきなのは、当たり前のことでしょう。雑誌で書く記事をファッション・ジャーナリズムと考えると虚しくなりますが、ひとつの特殊なビジネスモデルとして考えていただくと、わかりやすいかと思います。

**東野**：雑誌の未来へ向けて私たちは何とかしようと考えています。ここにいる学生さんの中で、出版社に就職する人がいたら、画期的な解決方法を考えてみてください。

## Case⑸「本国からの指示で、できません」

**東野**：次に表６－４の「本国からの指示で、できません」。編集部時代には、〝それ、本当に本社からの指示ですか？〟と疑問を感じるようなブランドの対応が多々ありました。ずいぶん前にお願いしていたのに、何回か催促した最後の回答として「本社の指示で、できません」と。〝本当に本社に聞いてくれたの？〟〝忘れていただけじゃないの？〟というような対応もあります。それから、〝他の出版社では撮影商品の貸出しや付録のコラボレーションをやっているのに、なぜ本国の指示で当社だけダメなの？〟という疑問を抱かせるような対応もあります。これは理由としてよくあるのが、その出版社は、週刊誌も出しているし、ラグジュリー誌から若者雑誌まで、いろいろ出版しているなかで、モード誌以外の雑誌で、あるブランドの、たとえば並行輸入品を扱って安く買える記事を出してしまったり、あるいは何かのスキャンダルを週刊誌が書いてしまったりとかしたとします。そうすると、その仇をモード誌でとるわけです。つまり、一番弱いところを叩いてくる。他の出版社でやっているのに特定の雑誌だけＮＧというのは、大体そういう背景があって、それをやめさせるために、「本国からの指示で、できません」というキラーセンテンスを使うことが多いです。

それから、これは絶対ウソだとわかるのは、８月、フランス人はヴァカンス真っ最中なのにパリから返事が来て、「本国からの指示で、できません」と…。他の大事な案件もあるのに、なぜ、これだけ返事をくれたんだろうと疑問に思うこともあります。
最初に私が、PRするために重要なことというので、誠意があること、正直であること、というのをあげましたが、自分が嫌われたくないから、説明するのが面倒くさいからといって、「本国からの指示」を繰り返していると、編集者との長い意味でのよいお付き合いはできません。この担当者のために、特集記事をつくりたいという気持ちには、編集者側はなりませんよね。その場限りの言い訳、「本国からの指示で、できません」というのは、百害あって一利なしなので、皆さんもブランドに入ったら、お使いにならないようにしたほうがいいと思います。

**藤田**：川村由仁夜先生のご著書にもありましたが、日本のファッション・ジャーナリズムは批評が弱く、欧米では批評が機能している、と指摘されています。そのような違いがあるにもかかわらず、フランスなどの「本国」においても、今は自由に記事を書くことはできなくなりつつあるのでしょうか。つまり、日本では、自主規制のようなものがあって、

**表6-4　取材をする側、される側との温度差**

Case (5)

本国からの指示で、できません

それ、本当に本社からの指示ですか？

- 本当に本社に聞いてくれたの？　忘れてただけじゃない？
- 他の出版社ではやっているのに、なぜ当社はダメなの？
- いま、ヴァカンスシーズンだけど、これだけは返事くれたんだ……。

もともとファッション・ジャーナリズムが育ってない。「本国」というのは、フランスか、その他の西ヨーロッパの国々である場合が多いと思うのですけれども、そちらでもこういった傾向が強くなってしまっているのでしょうか。

**東野**：たとえば、フランスのブランドの場合、パリ本社の広報担当者は、「本国からの指示」とは言えませんよね。だって、自分が本国だから。アメリカにしても、フランスにしても、イタリアにしても、ジャーナリストは日本よりも強いのです。生半可な言い訳は通用しません。

**藤田**：「本国」のファッション・ジャーナリズムというのは、批評の伝統があって雑誌が雑誌として機能している部分があるのだけれども、日本では最近とくにそれが弱くなってしまっているのでしょうか。

**東野**：日本は強かったことが一度もないです。ファッションの本場のパリやミラノのブランド担当者から何か言われたら、日本人は言い返せません。どんどんジャーナリストが育って、ファッション・ジャーナリズムが、もっと強い人たちの集まりになってほしいとは思っています。しかし、強くなる前に景気が悪くなって、雑誌が売れなくなって、ブロガーが出てきてしまったのかな、というのが私の個人的な考察です。

**中野**：「ファッション・ジャーナリスト」と称する人が批判めいたことを書いて、次のシーズンからコレクションや展示会の招待状が来なくなった……という例を聞いたことがあります。何よりも取材を続けるために、招待状を手に入れ続けるために、批判めいたことを書けないという土壌があります。ブランド側も、余計なことを書かず、綺麗な写真をばんばんアップしてくれるブロガーやインスタグラマーを優遇して、コレクションのフロントロウに座らせるようになるので、ますます「ジャーナリズム」は育たなくなります。ファッションをめぐる言説があまり面白くならない現実には、そんな背景もあります。

## 2 戦略のオモテとウラ

### 発信されるメッセージの真意とウラ事情

**東野**：〝コレクションレポートに選ばれて登場するブランドは、本当に今シーズンのトレンドなんですか？〟という疑問を持っています。トレンドかどうかは別として、月間女性誌の場合、ファッション特集号である4月号と10月号に、たくさんページを割いて紹介されるブランドがあります。それは、その年一番広告の出稿量が多かったブランドで、大体月刊モード誌はほぼ毎月28日発売なので、その日にモード誌をザーッと並べてみると、表紙をいちいち裏返さないと、何の雑誌を読んでいるのかわからない。つまり、一番広告予算があった会社の特集ばかりが、それも同じようなルック、同じコーディネートで、どこの雑誌にも出ている。〝それがトレンドか？〟というと、やはりクエッションマークが付きますよね。

**中野**：投資家の方々に伺ったことがあるのですけれども、今度、Vというブランドを流行させようと合意ができると、投資家がどんどんおカネをそのブランドに投下するそうです。そうすると、そのブランドはイベントを派手にやる、店舗をリニューアルする、新しい店舗をどんどん増やす。モード誌への露出も増やす。気がついたら、Ｖがトレンドとして盛り上がっている……という流れが生まれる。投資家がどれだけ資金を投下するかで、ブランドの勢いが決まってしまうようなところがあるようです。すべてのケースがそうだというわけでは、もちろんありませんが。

**表6-5　PR戦略のオモテとウラ**

**発信されるメッセージの真意とウラ事情**

- **コレクションレポートに選ばれて登場するブランドは本当にトレンド？**
- **広告主の影響力（圧力？）**
- **パーティー、イベントで「話題のブランド」の裏に資本投下力？**
- **ファッション・メディアのあるべき姿は？**

背後の投資の具体的なことまでは不明なので、その話とこの話はまた別に切り離して聞いていただきたいのですが、広告宣伝費を大量に投下して成功した最近のめざましい例のひとつに、ディオールがあります。２０１４年の秋から冬にかけて、銀座で地下一階から３階まで４フロアをディオールの展示で埋め尽くした「エスプリ・ディオール」展が開催されました。入場はすべて無料、夜間はコーポレート・ナイトとして企業とのコラボレーションにより毎夜、華やかなパーティーやイベントが繰り広げられていました。12月の初めには、世界初のプレフォールコレクションを、両国国技館で開催しました。そのコレクションには世界中から顧客やジャーナリストを１５００人招いて、本国の社長はじめ幹部も勢ぞろいして、ラフ・シモンズ本人も舞台挨拶に出てきました。土俵の上にステージが現れ、人工雪が降り、さらにコレクションの後はそこへバーカウンターが現れて、一転、国技館が一夜だけ巨大なクラブと化したという、見たこともない華やかなイベントだったんですが、それだけ資金が投下されているんですね。そうすると、イベントに来る人たちがこぞってＳＮＳで発信し、ディオールが話題になる。私自身、エスプリ・ディオールのイベントに3度もトークゲストとして登壇させていただいて、その都度、情報を多媒体で発信していました。国技館の夜なんて、高い発信力を持つ方々が世界中から来ているものだからフェイスブックのウォールはディオール一色でした（笑）。そして年が明けて春が来るとディオールの映画（「ディオールと私」）が公開になり、話題は続きました。結果、ディオールが「イン」、という流れが生まれます。

**東野**：確かにラフ・シモンズさんは、才能あるデザイナーだと思いますが、才能があるのにおカネのない人というのも、世の中にはいっぱいいます。

広告主の影響力についてですが、日本企業の広告宣伝部の担当者というのは、海外ブランドの広告宣伝担当者に比べると、ライオンとヒツジぐらいの差があって、外資の女性のベテラン広告担当者がライオンだとすると、日本の彼らはヒツジなんです。あえて「彼ら」としたのは女性用の製品を扱っている会社でも、男性担当者が多いからです。日本の会社の方たちは、たくさん広告を出しているのに、「では、お返しに何ページ、編集記事を入れてください」という要求がないんですよ。ヒツジたちの沈黙なんです。「(バーターの記事掲載について）言わなくてもいいんですか？」とこちらが水を向けても言わないんです。そんな お下品なことはできないということなのか、どうなのか。

**中野**：それは国民性なんでしょうかね。

**東野**：スペシャリストではないからだと思いました。日本の大企業の場合、幹部としてジェネラリストを育てなければいけない。日本の会社の宣伝部長というのは、営業関係から異動してきたり、さらには、宣伝とまったく関係のない部署から人事異動してきたりするケースが多いものです。任期2年ぐらいでまた異動になるから、仕事の本質もわからないし、。在任中に何事もなければいいという姿勢になります。だから、雑誌社にゴリ押しをする指示も出ないし、部下も、上から言われないから、何も雑誌にイヤな顔をされながら、ゴリゴリやって、誰も評価してくれない、ということになります。

ユニークな会社で宣伝部長一筋20年という変わった人もいますけれど、それはごく稀なケースです。

**中野**：外資のＰＲの方がライオンでいられるのは、ずっと外資畑を渡り歩いてきた、ＰＲのプロだからですね。しかも面白いのは、ＰＲのプロフェッショナルと呼ばれる方は、各ブランドを約2年ごとに転々とされていて、ブランドLにいたと思ったら、Gに行き、そのあとRに行き……というような、内輪でグルグル回っている感があって、そうすると、業界のライバル社の内部まで知り尽くしているわけですから、いやおうなく強気になれるようです。

**東野**：広告代理店のほうも、この人、次にどこへ転職するのかと思って。あまり予算のないブランドにいても、次にすごく予算を持っているブランドに転職したときに、根に持たれては困るので、滅多なことができません。

**中野**：そういう違いがありますね。日本と海外ブランドの違いとして。

**藤田**：それは外資出身の人はずっと外資の企業間を移動して、日本の企業に新卒で入った人はずっと同じ会社で下から上がっていくという感じなのでしょうか。それとも外資、日本企業ということにかかわらず、ファッション業界では比較的転職が多いのでしょうか。

**中野**：外資のラグジュリー・ブランドというのは、特殊な世界です。全体として内輪というか、村という感じが、とてもしませんか？

**東野**：します。同じ村の中で、家を住み替えているという感じで、ものすごく狭い世界です。

## 3 プレスリリース必須の「どこでも同じ」キーワード

**中野**：大体、ファッション・ブランドのプレスリリースには、表6－6に掲げたような言葉が書いてあります。私がこれまで書いてきた膨大な数の原稿に頻出するワードを拾ってきたらこうなりました、という感じになりましたが（笑）。このワードの組み合わせで、どこのブランドのことを書いてもだいたい同じようになります。

**東野：**確かによく出てきますね。どんなブランドでも、どんな新製品でも、どこの国でも、このキーワードがたくさん書かれています。

**中野：**こういう言葉が出てくると、読者は「ハハー」って控えたり、憧れを持ったりするのでしょうかね。

**東野：**それはないですね。ブランド側の都合でしょう。

**中野：**プレスリリースの文章のほぼ8割が、カタカナです。

**東野：**そうなんです、レイアウト通りの字数では入りきらない。

**中野：**いかにそれを上手な日本語にするか、ということが私の仕事に求められることもあります。

**東野：**先ほど例にあげましたが、会場と書けばいいのに、ヴェニューというカタカナを使う。文章としては、読むのが相当つらいです。よくあるのが、「哲学」と2文字で済むところを、「フィロソフィー」と、7文字も使って。何の意図があるのか不明ですが、多分オシャレ感

**表6-6　プレスリリース必須の「どこでも同じ」キーワード**

| | |
|---|---|
| ・伝統と革新 | ・モダニティ |
| ・職人技術の継承 | ・スタイル |
| ・熟練職人 | ・クオリティ、上質 |
| ・クラフツマンシップ | ・エレガンス、洗練 |
| ・革命、夢、理想 | ・インスピレーション |
| ・一点一点手づくり | ・地球環境への配慮 |
| ・伝説 | ・社会への貢献 |
| ・王侯貴族、セレブリティ | ・個性、オリジナリティ |
| ・アーカイヴ | ・本物、本質 |
| ・一貫した哲学 | ・未来、時代を超える |

が出るのでしょうか。

## 4 希望の光、日本のデザイナーのブランディング成功例

**中野**：ここまで、外資ブランドの話ばかりしてきましたが、閉塞状況の突破は関係者の方々の今後の努力と連携に期待するとして、最後に、希望の光を感じられる日本ラグジュリー・ブランドの話をしたいと思います。

老舗の**Jun Ashida**（ジュン アシダ）（写真6－2）です。戦後のプレタポルテの草分けです。50年間、プレタポルテをつくり続けるということは、なかなか難しいことです。50周年を記念して、先日、「エレガンス不滅論」という展覧会を、国立新美術館で開催なさいました。私は何度も取材しているのですけれども、デザイナーでもある**芦田淳さん**の強みは、徹底した顧客尊重です。一度はパリコレに進出されたこともあったんですが、ショーピース、つまり見せるためだけの服をつくっても、結局、顧客に喜んでもらえないということで撤退されました。今でも、お店で売る顧客のためだけの服をつくり続けて、浮沈の激しいファッション業界にあって、安定したビジネスを続けていらっしゃいます。

その芦田さんの体制を、次女の**芦田多恵さん**が受け継ぎ、「エレガンス不滅論」も多恵さんのディレクションのもとに行われています。今、経営は、多恵さんのパートナーである**山**

**東英樹さん**が行っています。そもそも芦田淳さんのお仕事にしても、奥様の友子さんが長年、生地の買いつけにパリのプルミエール・ビジョンに通って服地を選んできたりという貢献に支えられています。このようにファミリーでビジネスをやっている強みというのもまた、このブランドの底力になっています。ビジネス面だけ見るとむしろ、ヨーロッパの老舗ブランドのイメージに近いと思います。

**東野**：ファミリーという点が、芦田さんのイベントに行って、確かに一番感動するんです。ディオールが銀座でやっている展覧会と時期を同じくして芦田さんも展覧会をやっていました。

**中野**：重なりましたね。

**東野**：学生に課題を出したこともあって両方見に行きました。私は自分でイベン

**写真6-2　Jun Ashida**

ト制作をやっていたので、展覧会の内容以外の運営のようなところも気になります。たとえば、ちょっとへんぴなところにあったり、出口がわからないような会場だと、ボードを持ったご案内の人が立っていたりするんです。ディオールの展覧会では、外部の運営会社の人たちでしょうか、黒い服を着たイケメンの男子が入口で案内をしてくれました。海外ブランドの大規模なイベントでは、たいていはプロの運営会社が入っています。芦田さんのショーとか、イベントでは、ホテルであろうと、美術館であろうと、とにかく芦田ファミリーが一家でお出迎えしてくれます。ここでいうファミリーの意味は、お店の販売員とか、イベント担当部署以外の社員が、総動員で、お客様をお迎えするということです。国立新美術館のときも、外の寒いところに立って案内をしてくれていたのは、絶対芦田さんのところの社員の人たちですよね。

**中野**：社員の方です。社員もまたファミリーとして扱われているということが、この会社のブランド力を上げていると思います。

**東野**：そういうファミリーの人がご案内してくれる。その温かさというのがとても心地よいです。〝来てよかったな〟〝ここのブランドってすごいな〟〝ファミリーでおもてなししてくれるんだ〟といつも感じます。それが芦田ブランドの強みなのかなと、私は感じたんです。

**中野**：「ジュンアシダ」はまさに日本のラグジュリー・ブランドと呼べるかと思いますが、その家族的なきめこまかさが、外資のラグジュリー・ブランドとの決定的な違いのように感じられます。ファミリーでやっている温かさとか、基本的なことを確実にやってくれる安定感とか。本書に掲載するお写真（表６－２）をお願いしたら、高画質の画像がすぐ送られてくるとか、本当にシンプルで基本的なことなんですけれども、そんな基本的なことを難しくしてしまうブランドが実はたくさんあるんです。外さず、毎回、基本を押さえられるというのは、ラグジュリーの大前提になるのではないかと思います。文化資産が整っているという意味では日本のラグジュリー・ブランドのお手本ですし、おもてなしの作法とか、お客様や取引先との接し方など、あらゆる面で日本のラグジュリーの底力を示し続けている、真にグローバルな魅力を持つ日本企業の一例でもあります。

# 編集後記

明治大学商学部は、2014年に学部創設一一〇周年を迎え、それを記念して一連のシンポジウムを開催しました。ファッション・ビジネス関連の国際シンポジウムとしては、2014年5月17日（土）に「ファッション・ビジネスの新展開とキャリア創造」を、また同年12月20日（土）には「新時代のファッション・ビジネスを語る」を開催しました。本書は、これらのシンポジウムから企画・編集されたものです。

商学部は、学部創設一〇七年目を契機に「Project 107：商学のグローバル展開」として教育改革に取り組みました。その改革の一つの柱が「国際的なビジネス教育プログラムの構築」であり、焦点の一つとしてファッション・ビジネスに注目しました。そこで、「ファッション・ビジネス論」「特別テーマ海外研修科目（フレンチ・ファッション・プログラム）」などの授業を整備し、「特別テーマ実践科目」「特別テーマ研究科目」においてもファッション・ビジネスをテーマとするものを開講しました。

現在、ファッション・ビジネスは、ファスト・ファッションからラグジュアリー・ブランドまで含め、グローバルな展開を見せており、日本のような先進国に留まらず、これから経済発展をする地域にも広がっています。そのビジネスの内容は、単にデザインやブランドばかりでなく、マーケティング、マネジメント、ロジスティクスまで、広く商学に関わるものです。本書は、将来、グローバルに活躍するビジネス・パーソンを目指す人の一助になると思います。

最後になりますが、前記の国際シンポジウムでご講演いただき、本書の編集に際しても多大なご支援を賜った皆様、ならびに本書の出版をお引き受けいただいた同文舘出版の中島治久社長と同社編集部の皆様に、心より感謝申し上げます。

2015年6月24日

明治大学　商学部長

出見世　信之

## 《講演者・執筆者・取材協力者／企画・編集担当者一覧》

### 〈講演者・執筆者・取材協力者（掲載順）〉

**藤田　結子**　明治大学商学部准教授
はしがき（執筆）、第３章（執筆・取材）、第５章（パネルトーク）

**川村由仁夜**　ニューヨーク州立ファッション工科大学（FIT）教授
第１章（講演）

**尾原　蓉子**　一般社団法人ウィメンズ・エンパワメント・イン・ファッション会長／日本FIT会会長／㈱AOKIホールディングス取締役／金沢美術工芸大学大学院客員教授／ハリウッド大学院大学特任教授／元IFIビジネス・スクール学長
第２章（講演）

**齋藤　　統**　神戸芸術工科大学客員教授、和洋女子大学客員教授など／元ヨウジ ヨーロッパ社社長
第３章（取材協力）

**ガシュシャ・クレッツ**　パリ商業高等大学教授
第４章（講演）

**東野香代子**　株式会社ファッションビジネス研究所代表取締役／元エルメスジャポン株式会社広報部長
第５章（パネルトーク・執筆）

**中野　香織**　明治大学国際日本学部特任教授
第５章（パネルトーク・執筆）

**出見世信之**　明治大学商学部教授・商学部長
編集後記（執筆）

### 〈企画・編集担当者（掲載順）〉

**藤田　結子**　明治大学商学部准教授
第１章、第４章、第５章／企画・進行

**小川　智由**　明治大学商学部教授
第２章／企画・進行

**横井　勝彦**　明治大学商学部教授
企画・進行

《検印省略》
平成27年8月10日　初版発行　略称：ファッション・ビジネス

# ザ・ファッション・ビジネス
## ―進化する商品企画、店頭展開、ブランド戦略―

編　者　Ⓒ明治大学商学部
発行者　中島治久

発行所　同文舘出版株式会社
東京都千代田区神田神保町1-41　〒101-0051
電話　営業(03)3294-1801　編集(03)3294-1803
振替　00100-8-42935
http://www.dobunkan.co.jp

Printed in Japan 2015　製版：一企画
印刷・製本：萩原印刷

ISBN 978-4-495-38541-5